AF565252

Die Mykotherapie in der Veterinärmedizin

Petra Scharl

Petra Scharl

Die Mykotherapie in der Veterinärmedizin

Ein Kompendium

Shaker Media

Bibliografische Information der Deutschen Nationalbibliothek
Die Deutsche Nationalbibliothek verzeichnet diese Publikation in der Deutschen Nationalbibliografie; detaillierte bibliografische Daten sind im Internet über http://dnb.d-nb.de abrufbar.

3. korrigierte Auflage
2. Auflage mit Farbabbildungen, Indikationshinweisen, Tabellen, Wirkungen der Vitalpilze laut TCM sowie Fallbeispielen aus der Tierheilpraktiker-Praxis

Zusätzlich in dieser Ausgabe:
Ein Kompendium der Veterinärmykotherapie

Umschlaggestaltung: Christoph Walter
Lektoriat: Diana Allwang

Printed in Germany.

ISBN 978-3-95631-769-9

Shaker Media GmbH • Am Langen Graben 15a • 52353 Düren
Telefon: 02421 / 99 0 11 - 40 • Telefax: 02421 / 99 0 11 - 49
Internet: www.shaker-media.de • E-Mail: info@shaker-media.de

Inhaltsverzeichnis

Über die Autorin:

Petra Scharl, geb. 1966 in Freising, arbeitet als Tierheilpraktikerin und Mykotherapeutin in eigener Naturheilkundlicher Tierpraxis und ist ehrenamtliche Mitarbeiterin der GfVS (Gesellschaft für Vitalpilzkunde Schweiz).

Nach 24-jähriger Arbeit im humanmedizinischen Bereich – und geschuldet einer seit Kindheitstagen bestehenden Liebe zu Tieren – wagte sie 2005 den Wechsel in die Veterinärmedizin und eröffnete als zertifizierte Tierheilpraktikerin ihre Naturheilkundliche Tierpraxis mit den Schwerpunkten Mykotherapie, Dorntherapie, Homöopathie, Blutegeltherapie, Ernährungsberatung und Bioresonanztherapie.

Das praxiseigene Bioresonanzlabor steht seither nicht nur für ihre Patienten, sondern auch für Tierärzte und Tierheilpraktiker-Kollegen zur Verfügung und erfreut sich großer Beliebtheit.

Durch eine enge Freundschaft zu HPin Frau Silke Berthold und Frau Dr. agr. Susanne Ehlers, der Gründerin der Gesellschaft für Heilpilzkunde, sowie der langjährigen Berufserfahrung kam Petra Scharl 2006 zur damaligen GfV (Gesellschaft für Vitalpilzkunde e.V.) und der GFVS (Gesellschaft für Vitalpilzkunde Schweiz).

Seither ist sie für die Schweizer Gesellschaft für Vitalpilzkunde ehrenamtlich als mykotherapeutische Beraterin für Tiere tätig und betreute 13 Jahre lang die Beratungsabteilung der GFV Deutschland.

Durch jahrelange Forschungsarbeit rief Frau Scharl die Mykotherapie für Tiere ins Leben und ist Autorin der Broschüre „Vitalpilze für Tiere".

Frau Scharl ist Dozentin der Gesellschaft für Vitalpilzkunde Schweiz, der G.S.L. Akademie, der Akademie für Dornmethode und Tierheilkunde, sowie „Vetwissen" und der Atropa Akademie.

Sie ist Mitglied im Ältesten Verband der Tierheilpraktiker (seit 1931 e.V.) und der Arbeitsgemeinschaft der Tierheilpraktiker (AG-THP).

Vorwort der Autorin

Die Verbreitung der Vitalpilzkunde ist mir eine große und bedeutsame Herzensangelegenheit. Aus diesem Grunde veröffentlichte ich 2014 die erste Auflage meines Buches über die „Mykotherapie in der alternativen Veterinärmedizin". Diese erfreute sich großer Beliebtheit und so ist es mir nun eine Ehre, Ihnen heute die 2., überarbeitete und um ein Kompendium erweiterte Auflage vorstellen zu können.

Ich widme dieses Buch meiner – leider viel zu früh verstorbenen – Freundin und Mentorin Frau Dr. Susanne Ehlers, der ich einen beträchtlichen Teil meines heutigen Wissens über die faszinierende Welt der Vitalpilze verdanke.

Frau Dr. Ehlers war es, die mich als Therapeutin und Beraterin unmittelbar nach Gründung der damaligen Gesellschaft für Vitalpilzkunde e.V. mit „ins Boot" nahm. Sie war es auch, die mich damals der Gesellschaft für Vitalpilzkunde Schweiz vorstellte, der ich heute noch ehrenamtlich zur Seite stehe.

Seit dieser Zeit blühten mein Interesse und die Liebe für diese Lebewesen auf, die weder dem Pflanzen-, noch dem Tierreich angehören.

Ich kann guten Gewissens sagen, dass die Therapie mit den Vitalpilzen in all den Jahren zu meinem beruflichem „Steckenpferd" geworden ist.

In der Traditionellen Chinesischen Medizin (TCM) erkannte man schon vor Jahrtausenden die verblüffende Heilkraft von Vitalpilzen, die eingesetzt wurden, um kranke Menschen gesund zu pflegen und gesunde Menschen vor Krankheiten zu bewahren.

Durch ihren nennenswerten Gehalt an immunmodulatorisch wirksamen Substanzen haben sich die Pilze in den letzten beiden Jahrzehnten auch in der Naturheilkunde der westlichen Medizin einen festen Platz erobert.

Dank der zahlreich vorliegenden Studien- und Forschungsergebnisse zählt die Mykotherapie nun nicht länger zu den Außenseitermethoden der Alternativmedizin.

Ein mittlerweile großer Kreis von Tierheilpraktikern und interessierten Tierärzten setzen die in Deutschland als Nahrungsergänzungsmittel gehandelten Vitalpilze bereits seit längerer Zeit in der begleitenden, alternativen Therapie ein.

Das in diesem Buch zusammen getragene Wissen über die Kraft und den Nutzen der Vitalpilze stammt aus zahlreichen wissenschaftlichen Publikationen.

Ich kann jedoch trotz aller gründlicher Recherchen keine Garantie für die Korrektheit meiner Quellen übernehmen, darf Ihnen allerdings versichern, dass die hier vorgestellten Vitalpilze ungeahnte Heilkräfte besitzen, von deren Wirkung Sie sich jederzeit persönlich überzeugen dürfen.

In diesem Sinne wünsche ich Ihnen viel Spaß und vor allem Faszination beim Lesen dieses Buches.

Herzlichst, Ihre Petra Scharl

I. Sinn und Motivation dieses Buches

Wie bereits im Vorwort erwähnt, zählt die Therapie mit Vitalpilzen auch heute noch zu einer der größten Pionierarbeiten des Lebens.

Die Mykotherapie in der Veterinärmedizin ist eine neue, hoffnungsvolle Therapie mit Zukunft!

Das ermutigte mich schließlich dazu, dieses Buch zu schreiben, um so die Kraft der Vitalpilze einem breiteren Publikum offenbaren zu können.

In unseren Breitengraden wurde im Bereich der Humanmedizin durch ständige wissenschaftliche Forschungsarbeit und den hieraus resultierenden bemerkenswerten Ergebnissen der Weg für die Vitalpilzkunde bereits geebnet.

Sehr zu meinem Bedauern war die Mykotherapie bei Tieren jedoch bis vor einigen Jahren noch immer ein Novum.

Und so entschloss ich mich, die Pilze nun auch bei meinen Tierpatienten einzusetzen – nicht zuletzt dank der zahlreichen Studien- und Forschungsergebnisse, die belegten, dass es bei der Anwendung von Vitalpilzen nicht zu schädlichen Nebenwirkungen kommen kann.

Ein ausgesuchtes Kollegenteam schloss sich mir an und so konnten wir über viele Jahre die positiven Forschungsergebnisse bestätigen.

Zahlreiche Erfahrungsberichte der Patientenbesitzer untermauerten unsere Erfahrungen der letzten Jahre erneut und so wurde die erste Broschüre „Vitalpilze für Tiere" geboren.

An dieser Stelle möchte ich mich bei allen Tierbesitzern und Kollegen, die mich auf diesem Weg unterstützten, auf das herzlichste bedanken!

Um die Mykotherapie in der Veterinärmedizin weiter voran zu treiben und auch Ihnen die Chance geben zu können, die Pilze noch besser kennen zu lernen, habe ich mich entschlossen, dieses ausführlichere Werk zu erstellen und Ihnen die Welt der Vitalpilze erneut zu erschließen.

Die sehenswerten Erfolge nicht nur im Bereich der Human-, sondern auch in der Veterinärmedizin waren für mich Motivation genug, neben der Veröffentlichung meiner Broschüre „Vitalpilze für Tiere" ein umfangreicheres Buch auf den Markt zu bringen.

Ein weiterer, für mich sehr wichtiger Punkt ist es, Ihnen die „neue Generation" der Vitalpilzzucht bekannt zu machen. Ich möchte Ihnen – sowohl therapeutisch tätigem Nachwuchs als auch Anwendern – Vitalpilze vorstellen, deren Bioverfügbarkeit und therapeutischer Nutzen seinesgleichen sucht.

Sinn dieses Buches ist es, das tatsächliche und durch zahlreiche klinische Studien belegte Wissen über die Mykotherapie weiter bekannt zu machen und Ihnen so die Möglichkeit geben zu können, Ihre „tierischen Partner" von den phänomenalen Wirkspektren der Vitalpilze profitieren zu lassen.

Bitte achten Sie jedoch darauf, dass Ihr Tier in seiner Gesamtheit betrachtet werden muss und die Vitalpilzindikationen nicht als „Kochrezept" angesehen werden dürfen.

Sollte Ihr Tier bereits erkrankt sein, bitte ich Sie, einen Tierarzt oder Tierheilpraktiker Ihres Vertrauens aufzusuchen, der Sie

und vor allem Ihr Tier optimal betreuen und unterstützen kann.

II. Geschichte der Vitalpilze

Vitalpilze dürften bereits seit mehr als 30.000 Jahren als Speisepilze bekannt sein. Dies belegen zahlreiche archäologische Funde aus der Steinzeit.

Man fand in Pfahlhaussiedlungen sowohl in der Schweiz als auch in Österreich und in Teilen Deutschlands Reste von Feuerschwämmen und Eichenwirrlingen.

Ebenso wurde bei der uns allen bekannten Mumie „Ötzi" – der bereits in der Neusteinzeit lebte – ein getrockneter Birkenporling an einer, um seinen Hals geknöpften Kette vorgefunden.

Man geht davon aus, dass bereits zu diesem Zeitpunkt die antibiotische, antiparasitäre und blutstillende Wirkung des Birkenporlings bekannt war.

Einige Experten gehen davon aus, dass „Ötzi" den Pilz aus rituellen Gründen bei sich trug, während sich andere dagegen auf dessen Heilwirkung beziehen.

Nichtsdestotrotz ist hierdurch bewiesen, dass Pilze bereits in grauer Urzeit genutzt wurden.

So gehören sie zu den ältesten Naturarzneien der Menschheit und wurden bereits vor mehr als 4000 Jahren in der fernöstlichen Volksmedizin wegen ihrer gesundheitsfördernden Eigenschaften verehrt.

Rund 100, überwiegend in Asien beheimatete Pilze, werden in der Traditionellen Chinesischen Medizin (TCM) in ihrer Wirkung genauestens beschrieben. So konnte über viele Jahrhunderte im asiatischen Raum ein enorm hoher Erfahrungsschatz zusammengetragen werden.

Pilze sind nicht einfach nur uralte Organismen, sondern zählen wohl seit jeher zu den Bewohnern unserer Erde.

Vor ca. 450 Millionen Jahren gingen Pilze eine Symbiose mit im Ozean lebenden Pflanzen ein. Durch die Hyphen (feines Pilzgeflecht) ermöglichten es die Pilze den Wasserpflanzen, auch auf dem Lande Fuß zu fassen und versorgten diese mit wichtigen Nährstoffen.

Auch heute noch sind Pilze für eine optimale Versorgung vieler Pflanzenarten verantwortlich.

Um selbst überleben zu können, produzieren Pilze zahlreiche Substanzen, mit deren Hilfe sie Stoffwechselvorgänge bei Viren, Bakterien und anderen „schädlichen Pilzen" erfolgreich stören können.

Diese antimikrobiellen Stoffe können bei den Eindringlingen den Aufbau von Zellwänden verhindern und die Produktion ihrer lebensnotwendigen Eiweiße sowie deren Vermehrung blockieren.

Das gegenwärtig größte Lebewesen auf unserer Erde ist ein Groß-Pilz namens „Hallimasch", der mit seinem unterirdischen Geflecht sage und schreibe ein Areal von 120 Hektar und einem geschätzten Gewicht von 600 Tonnen die Wälder von Oregon (USA) besiedelt. Sein geschätztes Alter liegt bei 1000 Jahren.

Bei den Pharaonen wurde der Vitalpilz Reishi – auch Ling Zhi oder glänzender Lackporling – als „Pilz der Unsterblichkeit" bekannt und sogar Hildegard von Bingen (1098-1174) setzte Vitalpilze ein, wie man aus deren Aufzeichnungen entnehmen konnte.

Paracelsus bevorzugte im 15. Jahrhundert Waldpilze als wirksames Mittel gegen Würmer.

Ebenso wohlbekannt dürften die sogenannten Magic Mushrooms sein (Rauschpilze).

Magic Mushrooms sind auch heute noch aufgrund ihrer halluzinogenen Wirksubstanzen in bestimmten Kreisen sehr begehrt. Ihnen wird eine bewusstseinserweiternde Wirkung nachgesagt, die sogar bis hin zu einer völligen Veränderung des Erlebens der inneren und äußeren Welt und unter Umständen zu einem vollkommenen Verlust der Selbstkontrolle führen kann.

Magic Mushrooms zählen aus oben genannten Gründen zu den Drogen und fallen in Deutschland unter das Drogengesetz. Der Besitz dieser Pilze wird schwer geahndet.

Das wohl älteste Rauschmittel ist der uns allen bekannte Fliegenpilz, der in der heutigen Zeit lediglich als homöopathische Aufbereitung seinen Nutzen garantiert, dies jedoch sehr erfolgreich.

Sowohl bei den Schamanen als auch bei den Mayapriestern war der Fliegenpilz ein Schlüsselwerkzeug, um zu überirdischen, göttlichen Visionen zu gelangen.

1966 wurden halluzinogene Pilze zunächst in den USA verboten, in den 70er Jahren auch überall in Europa.

Aufgrund oft unvorhersehbarer Wirkungen und schwer zu definierender Erkennungsmerkmale begegnet man den Magischen Pilzen auch heute noch mit Misstrauen, wie vor Jahrtausenden schon.

Dieses heutzutage noch vorherrschende Misstrauen gründet wohl auch in der Angst vor einer möglichen giftigen Wirkung von Pilzen.

In früheren Zeiten herrschte die Überzeugung, dass die kreisförmig wachsenden Pilze den sogenannten „Hexenring" bildeten. Man hielt diese Kreise für Vergnügungsstätten von Elfen und Hexen ☺.

Obwohl Pilze auch im früheren Jahrhundert verteufelt wurden, wusste man doch über deren Heilwirkungen Bescheid.

Diese Erfahrungen wurden – Gott sei Dank –

von Generation zu Generation weitergegeben und so setzte man Pilze auch weiterhin als Nahrungs- und Heilmittel ein.

Inzwischen gibt es über jeden, in diesem Buch genannten Vitalpilz eine wahre Fülle an wissenschaftlich gesicherten Erkenntnissen.

So konnten bereits hunderte, medizinisch wertvolle Bestandteile in Vitalpilzen nachgewiesen werden.

Die Wirkweisen vieler Inhaltsstoffe konnten sowohl für den menschlichen als auch für den tierischen Organismus aufgezeichnet und erklärt werden.

Zwischenzeitlich wurden zahlreiche Verfahren zur Kultivierung von Vitalpilzen und der Herstellung von Vitalpilzprodukten patentiert.

Hierbei dürfte interessant sein, dass in den letzten Jahren sowohl in Japan als auch in den USA die ersten, aus Vitalpilzen hergestellten Medikamente zugelassen wurden.

Seit 1999 werden die neuesten Forschungsarbeiten regelmäßig im „International Journal Of Medical Mushrooms" (USA) veröffentlicht.

Diese Forschungsberichte belegen das bemerkenswert große und nahezu weltweite Interesse von Medizinern, Pharmakologen, Biologen, Mykologen und Wissenschaftlern.

Sie alle bemühen sich um die detaillierte Klärung von Fragen zu den Vitalpilzen in Bezug auf deren Wirkung sowie der Nutzung der vorhandenen Forschungsergebnisse.

Mit großer Wahrscheinlichkeit sind auch zukünftig weitere, sehr wichtige Forschungsergebnisse über die Anwendung von den Pilzen zu erwarten.

Wir freuen uns schon heute darauf!

III. Wirkweise und Nährstoff-gehalt der Vitalpilze

Vitalpilze zählen zu den sogenannten Biological Response Modifiers (BRM).

Biological Response Modifiers sind Substanzen, die die positiven, d.h. die Gesundung fördernden Faktoren unterstützen und die negativen, d.h. krankmachende Faktoren verhindern bzw. bekämpfen können; sowohl beim menschlichen als auch beim tierischen Körper.

Daher können Vitalpilze sowohl präventiv zur Verhinderung von Krankheiten als auch kurativ zur Linderung von Beschwerden und Regulierung von bereits bestehenden Krankheiten unterstützend eingesetzt werden.

Vitalpilze enthalten einen wohl einzigartigen Cocktail aus Vitaminen, Mineralstoffen, Spurenelementen, Enzymen, lebensnotwendigen Eiweißen, essentiellen Aminosäuren und sekundären Inhaltsstoffe mit sehr hoher Bioverfügbarkeit. Damit können Vitalpilze sowohl antibakterielle als auch antivirale und antimykotische Wirkungsbereiche abdecken.

Nicht zuletzt wurden in zahlreichen klinischen Studien auch deren antitumorale Eigenschaften bestätigt.

Pilze bilden neben den Tieren und Pflanzen ihr ganz eigenes Reich und so ist es nicht verwunderlich, dass sie über Substanzen verfügen, die einzigartig und in der Natur in dieser Zusammensetzung an keiner anderen Stelle zu finden sind.

Durch zahlreiche Untersuchungen konnte nachgewiesen werden, dass Pilze ein gesundes Immunsystem nicht „überstimulieren" können, jedoch in der Lage sind, ein geschwächtes Immunsystem zu stimulieren und dieses auch zu modulieren.

Ein so geschütztes Immunsystem ist wiederum in der Lage, den Organismus vor „Angreifern" und den Körper vor fehlerhaft gebildeten Zellen zu schützen.

So lässt sich sagen, dass Vitalpilze ganzheitlich regulierend sowohl auf den menschlichen als auch auf den tierischen Organismus wirken. Sie regen die Selbstheilungskräfte an und ihr Verzehr ist nahezu nebenwirkungsfrei.

Vitalpilze enthalten nicht mehr als 20 40 kcal/100g und sind in ihrem Kaloriengehalt vergleichbar mit vielen Gemüsesorten.

Als Hauptnährstoff steht bei den Pilzen sicher das Eiweiß an erster Stelle. Eiweiße sorgen für den Aufbau und Erhalt von Muskeln und Organen des Körpers.

Da sich Eiweiße verbrauchen, müssen diese auch täglich zugeführt werden.

Zusätzlich enthalten Pilze einen beträchtlichen Anteil an Rohprotein in der Trockenmasse. Je nach Pilzart schwankt dieser Anteil zwischen 15% und 45%.

Diese Eiweiße werden bei der Verdauung in die jeweiligen Aminosäuren aufgespalten.

Vitalpilze enthalten zahlreiche Vitamine. Vitamine sind lebenswichtige Verbindungen, die dem Körper mit der Nahrung zugeführt werden müssen.

Besonders hervorzuheben ist, dass Pilze sehr reich an Vitaminen der B-Gruppe sind.

Fehlende B-Vitamine können zu einer schweren Schädigung des zentralen Nervensystems führen, zu Störungen im Verdauungstrakt, schwerwiegenden Hauterkrankungen und einer Verminderung der roten Blutkörperchen (Erythrozyten) sowie zu Missempfindungen und Stimmungsschwankungen.

B-Vitamine sind zugleich am Prozess der Energiegewinnung beteiligt, dem Auf- und Abbau von Aminosäuren, Fetten und Kohlehydraten sowie an der Cholesterinsynthese.

Ein weiterer Vorteil von Pilzen ist ihr bedeutsamer Gehalt an Ergosterin, einer Vorstufe vom Vitamin D (Calciferol).

Vitamin D fördert die Knochen- und Knorpelbildung, reguliert den Calciumspiegel und beeinflusst die Zelldifferenzierung im Organismus.

Eine Unterversorgung mit Vitamin D kann die Entstehung einer Herzinsuffizienz fördern.

Außerdem gehören Pilze zu den kaliumreichen Lebensmitteln.

Kalium ist für die Regulierung der Zellflüssigkeit und die Aktivität einzelner Enzyme sehr wichtig. Durch einen Mangel an Kalium kann es zu Muskelerschlaffung, Herzschäden sowie Appetitlosigkeit und niederem Blutdruck kommen.

Pilze sind reich an Phosphor und enthalten im Vergleich zu Obst und Gemüse bis zu achtmal mehr Phosphor.

Phosphor ist sowohl für die Energiegewinnung als auch für deren Umsetzung im Organismus bedeutend. Ebenso ist es sehr wichtig für den Aufbau und den Erhalt von Zähnen und Knochen unserer tierischen Freunde.

Der höchste Eisengehalt wurde im Shiitake gefunden.

Eisenmangel sorgt für eine Verringerung des Blutfarbstoffes Hämoglobin und so für eine Blutarmut im Organismus.

Kupfer, ein weiterer Bestandteil der Pilze, steuert den Erhalt eines gesunden Bindegewebes und der Knochen.

Zink spielt eine Schlüsselrolle im Eiweiß-, Fett- und Kohlehydratstoffwechsel. Es ist mitverantwortlich für das Zellwachstum und ein gesundes Immunsystem.

Selen stellt einen außerordentlichen Schutz des Immunsystems gegen schädliche oxidative Prozesse dar.

Gleichzeitig ist Selen ein Gegner verschiedenster Schwermetalle, z.B. Quecksilber, Blei und Cadmium, das leider nur zu häufig in Impfstoffen vorzufinden ist.

Selen stimuliert außerdem die Bildung von Lymphozyten, die wiederum das Immunsystem stimulieren. Nebenbei aktiviert und fördert Selen die natürlichen Killerzellen sowie die Aktivität der T-Zellen.

Eine Zusammenfassung der wichtigsten Vitamine, Aminosäuren, Spurenelemente und Mineralstoffe die in Pilzen enthalten sind, finden Sie unter Punkt → IV. Erläuterung der therapeutisch wichtigen Inhaltstoffe.

Die für uns Therapeuten wichtigen pharmakologischen Inhaltsstoffe der Pilze sind vor allem die Polysaccharide, Betaglucane, Triterpene, Eritadenine, Lektine, phenolische Derivate und auch Glucolipide.

Diese therapeutisch wertvollen Einzelsubstanzen finden wir in der Regel in hohen Dosierungen nur in den Extrakten oder den

„Full spectrum Pilzen", da erst durch das Extraktionsverfahren oder durch das neue Zuchtverfahren der sogenannten „Whole Life Cycle Pilzen" eine hohe Bioverfügbarkeit für den Organismus erreicht werden kann.

Mehr zu diesem Thema finden Sie unter dem Kapitel → VII. Qualitätskriterien.

IV. Erläuterung der therapeutisch wichtigen Inhaltsstoffe

1. Polysaccharide/Betaglucane

Polysaccharide zählen zur Gruppe der Kohlehydrate und sind sogenannte Vielfachzucker, die aus zahlreichen Einfachzuckern bestehen, z.B. Fructose, Galactose und Glucose.

Die im Fruchtkörper und Myzel von Großpilzen (Pilze, deren Fruchtkörper mit bloßem Auge gut erkennbar sind) vorkommenden Polysaccharide sind zum Teil biologisch hoch aktiv.

Die vielfältigen Reaktionen, die diese Polysaccharide auslösen können, sind durch die Variabilität ihrer Struktur bedingt.

So gelang es den Forschern, bei den Pilzpolysacchariden viele gesundheitsfördernde und immunmodulierende Wirkungen nachzuweisen, z.B. Entzündungshemmung, antivirale und antibakterielle Eigenschaften, Blutdruck sowie Blutzucker regulierende Wirkungen.

Man fand in Pilzen wie beispielsweise dem Agaricus blazei Murrill und dem Pleurotus 16 Polysaccharidfraktionen mit Anti-Tumor-Aktivität. Geprüft wurde diese Wirkung in Tierexperimenten auf die bösartige Bindegewebsgeschwulst Sarcoma 180.

Aber nicht jedes Polysaccharid verfügt über eine immunmodulierende und/oder antitumorale Wirkung. Den vorliegenden Untersuchungen zu Folge ist diese an eine bestimmte Struktur gebunden: Wirksam sind sogenannte 1,3-Beta-D-Glucane.

Die Polysaccharidkette muss eine bestimmte Länge sowie eine bestimmte räumliche Struktur aufweisen. Insbesondere die Beta-

1,6-Verzweigungen sind wichtig, da sie den Wirkeffekt des gesamten Moleküls erheblich verstärken.

Die im Maitake (Grifola frondosa) gefundene D-Fraktion ist ein Polysaccharid, das sowohl in der Hauptkette, als auch in den Verzweigungen (1,3)-Beta-D- und (1,6)-Beta-D-Glucosemoleküle enthält.

Zusammenfassend kann festgestellt werden, dass die nach den vorliegenden wissenschaftlichen Erkenntnissen 1,3-/1,6-Beta-D-Glucane unter den Polysacchariden die größte immunmodulierende und antitumorale Wirkung erwarten lassen.

Man geht davon aus, dass in den immunkompetenten Zellen von Mensch und Tier – also in jenen Zellen, welche die Aufgabe und Fähigkeit haben, auf ein bestimmtes Antigen spezifisch zu reagieren – ein Erkennungsmechanismus existiert, der speziell auf Glucane reagiert (vgl. Prof. Dr. Jan Lelley, „Die Heilkraft der Pilze").

Polysaccharide, die aus kleineren Einheiten von Zuckermolekülen aufgebaut sind, wurden schon seit den 50er Jahren eingehend untersucht.

Die erhaltenen Studienergebnisse konnten belegen, dass diese Molekülstrukturen eine starke antitumorale und immunmodulierende Wirkung besitzen (vgl. Waldron und Selvendran 1993).

Deutsche Forscher stellten fest, dass das Immunsystem durch Heteropolysaccharide – die für die wichtigsten aktiven Verbindungen in den medizinischen Pilzen gehalten werden – zu einer Vielzahl von Reaktionen angeregt wird; einschließlich eines Anstiegs der Zytotoxizität der Makrophagen (Fresszellen) gegenüber Tumorzellen und einer Stimulierung der Interleukin-I-Produktion.

Die Wirkung der Polysaccharide aus medizinischen Pilzen im Anwendungsbereich Tiere:

Polysaccharid	Wirkung	Referenz
Shiitake (Lentinula edod.)Lentinan (ein Polysaccharid, welches keine Proteine enthält, muss mittels Injektion verabreicht werden.	Beschleunigt die Rückbildung von Tumorzellen Erhöht die T-Lymphozyten Verbessert die Gesundheit von Patienten mit chronischer Hepatitis	Kosaka, 1986 Lio, 1988 Lio, 1988
LEM (ein proteingebundenes Polysaccharid)	Leberschutzmittel, antiviral und immunstärkend HIV Hemmer	Mizoguchi, 1987b Lin, 1987 Aoki, 1984a
Coriolus versicolor PSK/Krestin (ein wasserlösliches, proteingebundenes Polysaccharid)	Immunkatalysator Antioxidative Wirkung Interferon und Antitumoraktivität	Zhu, 1987 Nakamura, 1986 Ebina, 1987a

Polysaccharid	Wirkung	Referenz
Pleurotus ostreatus Säurehaltiges Polysaccharid Polysaccharid	95 % Hemmungsrate gegen Sarkom-180 durch Dosen von 5mg/kg Es wurde festgestellt, dass ein 4%iger Zusatz zur normalen Ernährung den Cholesterinspiegel im Blutserum und in der Leber nach 2 Monaten Fütterung senkte	Yoshioka, 1972 Bobek, 1991b
Maitake (Grifola frondosa D-Fraktion etc. von Grifola	Hemmung des Tumorwachstums, orale Einnahme	Nanba, 1993

2. Triterpene

Zu den weiteren sekundären Inhaltsstoffen der Vitalpilze zählen die sogenannten Triterpene.

Dies sind Kohlenstoffverbindungen von unterschiedlicher Struktur, die in der Natur hauptsächlich in den Pflanzen weit verbreitet sind.

Wir finden sie in den ätherischen Ölen der Pflanzen, wo sie für uns medizinisch nutzbar sind. Terpene wirken sowohl schmerzstillend als auch antimikrobiell.

Triterpene wirken sich insbesondere günstig bei Entzündungen, Allergien und Viruserkrankungen aus und werden sowohl bei erhöhten Blutfettwerten als auch bei Thrombosegefährdung erfolgreich eingesetzt.

Triterpene, die in den Großpilzen vorkommen (in erster Linie bekannt im Reishi, auch Ganoderma lucidum genannt) verfügen über 30 Kohlenstoffatome.

Die hochwirksamen Triterpene, die uns von den Vitalpilzen bekannt sind, haben antikanzerogene Eigenschaften und wirken unter anderem antiviral, antibakteriell, fungizid und antioxidativ.

Sie wirken anregend auf verschiedenste Immunzellen, z.B. NK-Lymphozyten (natürlichen Killerzellen des Organismus) und die Phagozyten.

Diese tragen unter anderem dazu bei, Blutfettwerte zu regulieren und Herzkrankheiten vorzubeugen.

Im Reishi wurden bisher über 130 verschiedene Triterpene nachgewiesen, denen aufgrund wissenschaftlicher Studien in Tiermodellen und Laborexperimenten umfangreiche pharmakologische Aktivitäten bescheinigt wurden.

Diese Bescheinigung betraf sowohl dieLeber schützende und thrombozytenaggregationshemmende Wirkung als auch die Cholesterin senkende, zytostatische und Herzfunktion stimulierende Wirkung.

Triterpene zeichnen sich durch einen nachhaltig bitteren Geschmack aus.

3. Polyphenole

Eine weitere Stoffgruppe der Vitalpilze bilden die Polyphenole.

Polyphenole sind aromatische Verbindungen, die Hydroxylgruppen enthalten und zu den sekundären Pflanzenstoffen gerechnet werden.

Sie sind Grundbausteine wichtiger Biopolymere wie beispielsweise Lignin und Suberin.

Polyphenole zählen zu den Radikalfängern, sind in der Pflanzenwelt sehr weit verbreitet, wirken biologisch gesehen hoch aktiv und gelten als gesundheitsfördernd.

Eines der wohl bekanntesten Polyphenole ist das in roten Weintrauben vorkommende Resveratrol. Auch Apfelbeeren, Schalen und Fruchtfleisch der Mangostanfrucht, der Granatapfel, Gingko und die Zistrose enthalten wertvolle Polyphenole.

Polyphenole wirken – wie Antioxidantien – entzündungshemmend und krebsvorbeugend. Sie können Körperzellen vor freien Radikalen schützen und die Zelloxidation verlangsamen.

Sie können unter anderem die sogenannte Plaquebildung (Ablagerung in den Gefäßen) vermindern und werden aus diesem Grund häufig zur Vorbeugung von Arteriosklerose eingesetzt.

Sowohl Dr. Dubost als auch Prof. Robert Beelman von der Pennsylvania State University fanden Polyphenole in verschiedenen Großpilzen, die deren Heilkraft massiv verstärkten.

Vitalpilze zählen durch ihre zahlreichen gesundheitsfördernden und heilenden Wirksubstanzen zu den wirksamsten Antioxidantien unserer Zeit.

4. Lektine

Lektine, eine in der Natur weit verbreitete Gruppe von Proteinen (Eiweißen) sind ebenfalls in den uns bekannten Vitalpilzen enthalten.

Lektine sind in der Lage, sich mit Polysacchariden zu verbinden. Diese Glykolisierung findet sowohl auf Zellebene als auch im Gewebe und dem gesamten Organismus statt.

Lektine können sowohl die Zellteilung, die ribosomale Bioproteinsynthese sowie die Agglutination von Zellen und das Immunsystem positiv beeinflussen.

Lektine ähneln in ihrer Wirkweise sehr oft der Wirkung von Antibiotika.

Da sie eine Rolle bei der Kommunikation von Zellen und Organismen spielen, sind sie an vielen Erkennungsprozessen beteiligt.

Lektine sind verantwortlich für das Heranwachsen und die Ausbildung des Fruchtkörpers von Pilzen.

Durch ihre antitumorale und immunmodulierende Wirkung tragen sie ebenfalls zu der herausragenden gesundheitsfördernden Wirkung der Pilze bei.

5. Eritadenine

Das Eritadenin ist eine ungesättigte Aminosäure, deren regulierende Wirkung auf den Blutfettgehalt bekannt ist.

Diese Aminosäure kommt vor allem im Shiitake vor und ist bekannt für seinen günstigen Einfluss auf den Cholesterinspiegel sowie seine thrombozythenaggregationshemmende Eigenschaft.

Durch Supplementierung von Shiitake-Eritadenin werden die Plasmakonzentrationen von Cholesterol und Phospholipiden gesenkt, nicht aber der Triglycerid- Gehalt.

Der dahinterstehende Mechanismus ist noch nicht eindeutig geklärt. Es deutet sich aber an, dass Eritadenin auf den Cholesterinstoffwechsel der Leberzellen direkten Einfluss nimmt.

So wurde bereits belegt, dass die cholesterinsenkende Wirkung von Eritadenin eng mit dem Phosphatidylcholin/Phosphatidylethanolamin- Verhältnis in der Leber zusammenhängt.

Auch könnte eine direkte hemmende Beeinflussung des Linolsäure-Metabolismus in den Leberzellen durch Eritadenin für die beobachtete cholesterinsenkende Wirkung verantwortlich sein.

6. Aminosäuren

Vitalpize enthalten alle, für den Organismus wichtigen Aminosäuren.

Aminosäuren sind als "Bausteine des Lebens" bekannt, bilden körpereigene Proteine und sind kleinste Bestandteile dieser Eiweiße.

Sie sind verantwortlich für den Aufbau und den Erhalt sämtlicher, im Organismus ablaufenden Funktionen.

Im Folgenden finden Sie eine Tabelle der wichtigsten Aminosäuren und deren Aufgabenbeteiligung im Organismus.

Da der Gehalt an Aminosäuren, Mineralstoffen, Spurenelementen und Vitaminen starken Schwankungen unterliegt, wenden Sie sich in Bezug auf die Analysen vertrauensvoll an Ihren seriösen Lieferanten.

Alanin	Harnstoffzyklus, Energiestoffwechsel
Arginin	Harnstoffzyklus, Leber, Hormon, Immunsystem, Wundheilung, Blutdrucksenkung, Gefäßerweiterung, Hypophyse, Glucose
Asparagin-Säure	Zellstoffwechsel
Carnitin	Leberstoffwechsel

Glutamin	Säure-Basen-Haushalt, Gehirn, Nerven, Gasrointestinaltrakt, Dünndarmschleimhaut, Muskeln und Wachstum
Glutathion	Entgiftung, Schwermetalle, krebserregende Stoffe, Immunsystem
Glycin	Fettverdauung, Gallenflüssigkeit, Muskel- und Bindegewebe, Hämoglobin
Histidin	Antiallergen, Nerven, Magensäure, Muskeln, Rheuma, Metallentgiftung, HB-Bildung, Entzündungen
Isoleucin	Muskeln, Leber, Insulin
Lysin	Viren, Wundheilung, Fruchtbarkeit, Wachstum, Herpes, Milchleiste, Knochen, Ovarien, Antikörper
Leucin	Muskeln, Leber
Methionin	Leber, Entgiftung, Wundheilung, Haut (Schwermetalle, Leber, Allergien) Säure-Basen-Haushalt
NAC-Cystein	Bronchien, Immunsystem, Entgiftung auch chemischer Substanzen, sowie bei Bronchitis, Asthma und Sinusitiden
Ornithin	Harnstoff, Entgiftung, Leber

Phenyl- alanin	Nerven, Schmerzen, Rheuma, Gelenke, Adrenalin/Noradrenalin Bildung, Depressionen, Thyroxin
Thyreonin	ZNS, Muskeln, Herz
Prolin	Bindegewebe, Haut
Taurin	Galle, Nerven, Herz, Kreislauf, Epilepsie, Arrhythmie, Bluthochdruck
Tyrosin	Hormone, Haut, Haar, Nerven, Depressionen, Schilddrüse, Melatonin, Coenzym Q10
Serin	Nerven und Blutbildung
Trypto- Phan	Nerven, Appetit, Melatonin- und Vitamin-B-3-Bildung, Schmerzempfindung
Valin	Muskeln, Verdauung, Nerven und Leber

7. Mineralstoffe und Spurenelemente

Folgende Mineralstoffe und Spurenelemente sind in Vitalpilzen enthalten, variieren im Gehalt jedoch sehr stark.

Natrium, Kalium, Magnesium, Calcium, Phosphor und Chlorid.

Jod, Fluor, Kupfer, Eisen, Zink, Mangan, Selen.

Natrium ist wichtig für die Steuerung der Aktivität verschiedener Enzyme und somit für den Stoffwechsel von Bedeutung.
Natrium ist mitunter verantwortlich für die Steuerung und Regulation des Wasser- und Säuren-Basen-Haushalt, die Reizweiterleitung von Nerven sowie für Muskelkontraktionen.

Kalium zählt zu den lebenswichtigen Elektrolyten und ist in der Lage, wichtige Stoffwechselprozesse im Organismus zu regulieren und den Zellen Stabilität zu verleihen.

Das Zusammenspiel von Natrium und Kalium sorgt im Organismus für die Weiterleitung von Nervensignalen und die Fähigkeit der Muskelkontraktion.

Kalium wird zur Regulation von Blutdruck und zur Prophylaxe von Herzinfarkt und Schlaganfall eingesetzt.

Bei Vorliegen von Herz- und/oder Niereninsuffizienz sollte auf eine Zufuhr von Kalium verzichtet werden.

Magnesium trägt zu einer normalen Eiweißsynthese bei und ist ein wichtiger Bestandteil von Enzymen des Energiestoffwechsels.

Darüber hinaus ist Magnesium in der Lage, Ablagerungen von Calcium in den Gefäßen zu verhindern.

Calcium trägt zusammen mit Phosphat zur Bildung der Knochen bei. Ferner unterstützt Calcium die Blutbildung und die Erregung von Muskeln und Nerven.

Phosphor ist ein Bestandteil der DNS und somit auch an der Energiegewinnung beteiligt.

Chlorid trägt zur Bildung der Salzsäure bei, die der Magen zur Verarbeitung und Verdauung von Speisen benötigt.

Jod trägt zu einer normalen Produktion der Schilddrüsenhormone und somit zu einer normalen Schilddrüsenfunktion bei.

Fluor ist in der Lage, Enzyme des Kohlenhydratstoffwechsels zu aktivieren. Es ist für die Erhöhung der Zahnschmelzhärte zuständig, wird aber nur in sehr geringen Mengen benötigt.

Kupfer trägt zu einem normalen Eisentransport im Körper bei.

Eisen ist zentraler Bestandteil des Blutfarbstoffes Hämoglobin und somit auch für den Sauerstofftransport im Körper verantwortlich. Eisen ist auch ein wesentlicher Bestandteil von Enzymen.

Zink trägt zu einem normal funktionierenden Säure-Basen-Stoffwechsel sowie einem normalen Kohlenhydratstoffwechsel bei. Zink ist von großer Bedeutung für die Eiweißsynthese und die Zellteilung. Für die Regulationen zahlreicher Hormone und das Immunsystem ist der Organismus auf Zink angewiesen.

Mangan ist ebenfalls für den Energiehaushalt der Zellen wichtig und ist beteiligt am Aufbau von gesunden und kräftigen Knochen, der Aktivierung von Enzymen, der Neubildung von Glukose und der Bildung von Melanin und Dopamin.

Selen ist Bestandteil zahlreicher Enzyme, die Stoffwechselreaktionen im Körper beschleunigen können.
Selen ermöglicht Entgiftungsvorgänge im Organismus und kann freie Radikale einfangen und vernichten.

Selen ist an der Aktivierung von Schilddrüsenhormonen beteiligt und spielt eine bedeutende Rolle für die Immunabwehr.
Selen trägt zum Schutz der Haut vor UV-Strahlung bei.

8. Vitamine

Vitamine sind organische Verbindungen, die ein gesunder Organismus für lebenswichtige Funktionen benötigt.

In den hier genannten Vitalpilzen sind folgende Vitamine zu finden:

B1 Thiaminchlorid, B2 Riboflavin, B6 Pyridoxin, B12 Cyanocobalamin, Niacin, Biotin, Pantothensäure,

Folsäure, Vit. D3, Vit. E Tocopherol, Vit. K, Vit. C, Vit. A-Retinol und Carotin.

B1 – Thiaminchlorid ist verantwortlich für die Regulation von Muskel- und Nervengewebe und wird bei psychovegetativen Störungen, bei Erkrankungen des Magen-Darm-Traktes, sowie bei Neuralgien und Neuropathien eingesetzt.

B2 – Riboflavin ist ein Baustein der sogenannten Coenzyme und spielt eine wichtige Rolle für den Stoffwechsel.

Es ist verantwortlich für die Umwandlung von Eiweiß, Kohlenhydraten und Fetten in Energie und trägt zu einem normalen Eisenstoffwechsel bei.

B6 – Pyridoxin trägt zur Regulierung der Hormontätigkeit, zu einem normalen Homocystein-Stoffwechsel sowie einer normalen Cystein-Synthese bei.

B12 – Cyanocobalamin trägt zur Bildung der roten Blutkörperchen, des Zellwachstums und der Zellteilung bei.
B12 ist unter anderem an der Bildung der Myelinscheidenhülle (Nervenfasern) sowie der Bildung von DNA und RNA beteiligt und sorgt für die Folsäureaufnahme in die Zellen.

Niacin ist beteiligt an zahlreichen Stoffwechselvorgängen im Organismus. Es ist am Aufbau von Neurotransmittern beteiligt, z.B. dem Serotonin. Aufgrund seiner antioxidativen Wirkung ist es in der Lage, sogenannte „freie Radikale" zu eliminieren.
Niacin ist beteiligt am Fett-, Kohlenhydrat- und Eiweißstoffwechsel und unterstützt die Regeneration von Haut, Nerven, Muskeln und DNA.

Biotin trägt zu einem normalen Stoffwechsel von Makronährstoffen und einem gesunden Energiestoffwechseln bei. Es wirkt sich positiv auf Haut, Fell sowie Krallen, Hufen und Nägel aus.
Es dient der Verbesserung des Glukosestoffwechsels, dem Schutz vor Neuropathien und der Regulation von Leberenzymen.

Panthothensäure trägt zu einem normalen Stoffwechsel von Steroidhormonen, Neurotransmittern, Vitamin D und A sowie des Hämoglobins bei. Es sorgt für starke Nerven und ein stabiles Immunsystem.

Folsäure ist für die Zellteilung, für eine gute Wundheilung und das Wachstum von Muskeln verantwortlich. Es ist an der Bildung von roten Blutkörperchen und somit an der Sauerstoffversorgung beteiligt. Folsäure kann Arteriosklerose vorbeugen und den Blutdruck regulieren.

Vitamin D3 ist eigentlich ein Prohormon dessen Aufgabe in der Steuerung der Aufnahme von Calcium und Phosphat aus dem Darm dient, um es dem Organismus für die Knochenhärtung zur Verfügung zu stellen.
Vitamin D3 ist am Erhalt eines guten Immunsystems und der Muskelfunktion beteiligt und kann das Wachstum von Tumoren hemmen.

Vitamin E – Tocopherol ist in der Lage, als sogenanntes Antioxidanz „freie Radikale" abzufangen. Es unterstützt den Abbau von Homocystein im Blut und schützt Gefäße. Vitamin E stärkt Muskel- und Nervenzellen und durch Stimulierung der T-Helferzellen die Abwehr.

Vitamin K aktiviert die Knochenbildung und ist beteiligt an der Regulation der Blutgerinnung. Es kann Plaque Bildungen in den Gefäßen verhindern und vor Herzerkrankungen schützen.

Vitamin C ist in der Lage, die Eisenaufnahme zu erhöhen und ist an der Produktion von Zähnen, Zahnfleisch, Knochen und Bindegewebe beteiligt.
Es schützt den Organismus vor freien Radikalen und ist in der Lage, Nitrosamine (Krebserreger) zu hemmen.
Vitamin C ist in der Lage, Cholesterin zu Gallensäure abzubauen und bildet aus Dopamin das Hormon Noradrenalin.

Vitamin A – Retinol ist bekannt für seine positive Wirkung auf das Immunsystem.
Es ist beteiligt am Wachstum sowie der Bildung von Haut, Schleimhäuten und Blutkörperchen und ist für die Sehkraft von enormer Wichtigkeit.

Beta-Carotin schützt die Zellen vor freien Radikalen und kann erste Entartungen von Zellen regulieren. Beta-Carotin ist in der Lage, den Organismus vor UV-Strahlungen zu schützen.

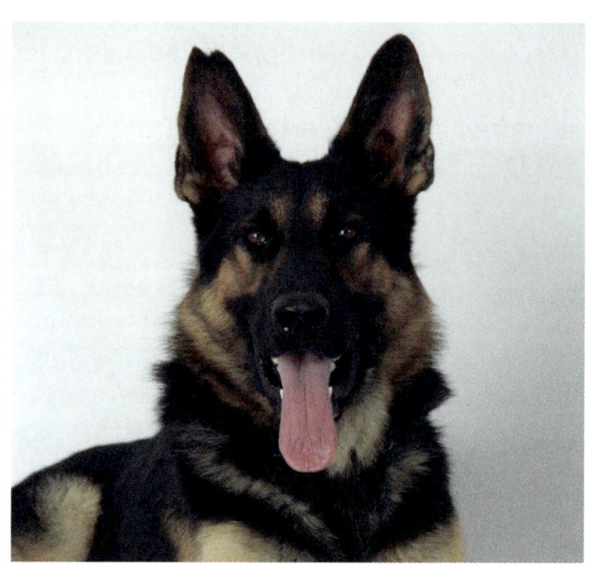

V. Vorstellung der 13 Vitalpilze

- ABM – Agaricus blazei Murrill – Mandelpilz
- Auricularia polytricha – Judasohr
- Chaga – schiefer Schillerporling
- Agaricus bisporus – Champignon
- Coprinus comatus – Schopftintling
- Cordyceps sinensis – Chinesischer Raupenpilz
- Coriolus versicolor – Schmetterlings-Tramete
- Hericium erinaceus – Igelstachelbart
- Maitake – Klapperschwamm
- Pleurotus ostreatus – Austernpilz
- Polyporus umbellatus – Eichhase
- Reishi – glänzender Lackporling
- Shiitake – Lentinula edodes

1. ABM - Agaricus blazei Murrill – Mandelpilz

Es gibt unter den 13 genannten Vitalpilzen keinen anderen Pilz, der das Immunsystem so wirkungsvoll regulieren kann wie der ursprünglich aus Brasilien stammende Vitalpilz Agaricus blazei Murrill, kurz auch ABM oder Mandelpilz genannt.

Seinen Namen verdankt der Agaricus dem amerikanischen Mykologen W. Murrill der diesen Pilze 1945 zum ersten Mal beschrieb.

Er fand diesen Pilz das allererste Mal auf dem Grundstück der Familie Blaze in Florida (USA).

Da der Mykologe W. Murrill den Pilz als erstes entdeckte, nahm er sich das Recht, diesem Vitalpilz seinen Namen dem Pilznamen anzuhängen. So entstand die heutige wissenschaftliche Bezeichnung Agaricus blazei Murrill.

Die Erforschung und anschließende Kultivierung dieses besonderen Vitalpilzes erfolge 1978 am Iwade Mushroom Institut in Japan.

Der Agaricus verfügt über die klassische Pilzform, deren Hüte zwischen 12cm und 14cm breit werden können.

Seine Farbe schwankt zwischen hell- bis dunkelbraun und grau. Sein Stiel kann bis zu 14cm lang und bis zu 5cm dick werden. Dieser ist in der Regel weiß und ab und zu auch innen hohl.

Seine Lamellen sind zunächst weiß, verändern sich aber mit zunehmendem Reifegrad bis hin zu einer dunkelbraunen Färbung.

Der Agaricus blazei Murrill verfügt über einen sehr hohen Anteil an Beta-1,3- und Beta-1,6-Glucane mit unterschiedlichen Strukturen, von denen einige eine starke antitumorale Wirkung in Laborexperimenten aufzeigten. Hier kam es zu einer deutlichen Wachstumshemmung von Krebszellen bis hin zu deren Zelltod.

Japanische Wissenschaftler fanden eine vollkommen neue Struktur im Pilzmyzel, das sie als Glucomannan bezeichnen.

Ein wässriger Extrakt-Auszug verhinderte in Laborexperimenten die zellschädigende Wirkung der westlichen Pferdeenzephalitis, die durch Stechmücken übertragen zur Auslösung einer Viruserkrankung führen kann.

Wie man aus wissenschaftlicher Literatur entnehmen kann, bewirkt das im ABM enthaltene Beta-D-Glucan eine Modulation des Immunsystems durch die Aktivierung und Anzahlerhöhung der natürlichen Killerzellen (NK-Zellen) sowie der körpereigenen Fresszellen (Makrophagen).

Diese Zellen sind für die Zerstörung von Bakterien und Viren sowie für den Abtransport von Fremdstoffen zuständig. Gleichzeitig tragen sie zur Bildung chemischer Botenstoffe bei (Interferon und Interleukin), die ebenfalls Abwehrkräfte des Organismus steuern.

Zudem verfügt der Agaricus blazei Murrill über wertvolle Vitamin- und Mineralstoffe wie Niacin, Vitamin B5 (Panthothensäure), Vitamin D, Ergosterin, Riboflavin, Calcium, Magnesium, Eisen, Zink, Phosphor und Mangan.

Insgesamt stellte man beim Agaricus blazei Murrill immunmodulative, antibakterielle, antivirale sowie antikanzerogene Wirkspektren fest.

Der Agaricus blazei Murrill hat sich bisher erfolgreich bei Störungen der Leberfunktion, Störungen der Blutbildung, bei vergrößerter Milz und Immunschwäche bewährt.

Seine antitumorale Wirkung bewährte sich unter anderem bei Sarkomen, Leukämie, Pankreastumoren, Mamma- und Gesäugeleistentumoren, bei Hodenkrebs sowie bei Lungen- und Darmentartungen.

Obwohl seine Wirkung in Europa noch lange nicht anerkannt ist, wurde der Agaricus blazei Murrill in Japan bereits offiziell als Anti-Krebs-Medikament zugelassen.

Der ABM aus Sicht der TCM

Energetik:
- Stärkt Zang/Fu und Qi
- Einfluss auf Wei-Qi und Blut

Anwendung in der TCM:
- Liu-Erkrankungen (Krebs)
- Wei-Qi Störungen
- (Der Agaricus blazei Murrill hat einen sehr starken Einfluss auf Wie-Qi)
- Chemo- und Strahlentherapie
- Müdigkeit und Stressbelastung

Bewährte Anwendungsbereiche in der alternativen Veterinärmedizin:

- Prävention und begleitende Behandlung von Tumorerkrankungen
- Regulierung des Immunsystems
- Kardiomyopathie (Herzschwäche, Herzmuskelerkrankungen)
- Unterstützende Behandlung von Allergien
- Begleitende Behandlung von Lebererkrankungen
- Eosinophiles Granulom (geschwürige Hautveränderungen)
- Cushing (übermäßige Bildung des Hormons Cortisol)
- Autoimmunerkrankungen
- Regulation der Schilddrüse
- Diabetes Typ I

2. Auricularia polytricha – Judasohr

Seinen Namen „Judasohr" verdankt der Auricularia einer alten Legende. Überlieferungen zu Folge erhängte sich Judas nach seinem Verrat an Jesus an einem Holunderbaum, an dem zur selben Zeit die ohrmuschelförmigen Pilze wuchsen.

Das Judasohr besitzt einen ohr- bzw. muschelförmigen, sehr dünnen Fruchtkörper, der bis zu 10cm groß werden kann und einen nur sehr kurzen Stiel.

Sein Fruchtkörper reicht von rötlich über olivgrau bis hin zu rotbraun. Sein Fruchtfleisch gleicht einer gelatineartigen Masse und schrumpft bei Trocknung massiv ein.

Das Judasohr wächst auch heute noch bevorzugt auf alten Holunder- und Laubbäumen und ist ganzjährig anzutreffen.

Das Judasohr ist einer der ältesten Speisepilze und wird in Ostasien als Leckerbissen gehandelt. Wer in Chinarestaurants eine

„Chinesische Morchel" verspeiste, hat somit Bekanntschaft mit dem Judasohr gemacht.

Dieser Kulturspeisepilz wird Berichten zu Folge bereits seit 1500 Jahren angebaut. Informationen über seinen medizinischen Einsatz gibt es tatsächlich erst seit dem 7. Jahrhundert aus der Tang-Dynastie.

Zu dieser Zeit setzte man das Judasohr zur Behandlung von Haemorrhoiden ein. Tatsächlich wissenschaftlich nachgewiesen hat man in der Zwischenzeit seine antithrombotische Wirkung.

So ist dieser Vitalpilz in der Lage, die Fließeigenschaften des Blutes zu verbessern und dieses mit mehr Sauerstoff anzureichern.

Aus der therapeutischen Praxis sind seine antioxidativen und lipidsenkenden Eigenschaften bekannt. Darüber hinaus wird immer wieder über die Regulierung von Uterusblutungen, blutender Haemorrhoiden sowie Bauchschmerzen berichtet.

Chinesische Wissenschaftler stellten in Laborexperimenten fest, dass die Polysaccharide des Auricularia die Bildung von DNA und RNA

(Desoxyribonukleinsäure und Ribonukleinsäure) in den Lymphzellen fördern, was wiederum seine immunmodulierende Wirkung erklären könnte.

Ebenso konnte in Versuchen eine Hemmung von

Augen-, Haut- und Schleimhautentzündungen festgestellt werden. Des Weiteren wies der Auricularia eine Senkung des Gesamtcholesterins, des Triglyceridgehaltes im Blut und eine Schutzwirkung auf die Langerhans'schen Inselzellen der Bauchspeicheldrüse auf.

Das Judasohr gilt als Radikalfänger und kann die Bildung von bösartigen Sarkomen senken (Bindegewebsgeschwülsten).

Aufgrund seiner eingangs bereits beschriebenen blutverdünnenden Wirkung setzt man ihn heutzutage gerne zur Herzinfarkt-, Thrombose- und Schlaganfallprophylaxe ein.

Der Vorteil gegenüber manchen herkömmlichen Blutverdünnern liegt darin, dass der Auricularia die Kollagenbestandteile der Gefäße nicht angreift.

Mitarbeiter einer Kölner Arzneimittelfirma wollten die blutverdünnende Wirkung des Judasohrs klären und führten Ende der 70er Jahre eine Forschungsreihe durch.

Mit Hilfe eines Tests, der die hemmende Wirkung sowohl wässriger als auch alkoholischer Extrakte des Pilzes auf die Blutgerinnung schnell und zuverlässig nachwies, konnten sämtliche Erwartungen rasch bestätigt werden. Bei Einnahme setzt eine antithrombotische Wirkung ein.

Das Judasohr beinhaltet neben wertvollen Eiweißen, sekundären Inhaltsstoffen, Polysaccharide und Heteroglykane auch Vitamine der Gruppe B, Beta-Carotin, Kalium, Calcium, Natrium, Magnesium, Phosphor und Silizium.

Der Auricularia aus der Sicht der TCM:

Energetik:

- Einfluss auf Blut
- befeuchten
- Stützt das Yin

Anwendung in der TCM:

- Bei Blutpathologien
- Generell bei Qi Xu
- Bei Trockenheit von Ma, Di, Lu

Besonderheit:

Im Gegensatz zu chemisch-pharmazeutischen Blutverdünnern kann der Auricularia die Fließeigenschaften des Blutes verbessern, ohne die Gefäßwände anzugreifen.

Bewährte Anwendungsgebiete in der alternativen Veterinärmedizin:

- Förderung der Durchblutung
- Verbesserung der Fließeigenschaften des Blutes und Anreicherung desselben mit mehr Sauerstoff
- Herzgefäßerkrankungen
- Begleitende Therapie bei akuter und chronischer Hufrehe
- Entzündungen von Haut- und Schleimhäuten
- Spondylosen (degenerative Veränderung der Wirbelsäule einhergehend mit allmählicher Versteifung der Wirbelsäule)
- Cauda equina (degenerative lumbosacrale Stenose) Regulation des Blutdrucks
- Entzündungen der Augen
- Verbesserung des Blutbildes
- Verbesserung von Narbengewebe

3. Chaga – schiefer Schillerporling

Als Vitalpilz wird der Chaga, auch schiefer Schillerporling, Inonotus obliquus oder Hua Shugi genannt, in der Regel nur der auf Birken wachsende Pilz verwendet.

Mit zunehmenden Alter wird der bräunliche Porenpilz schwarz.

Seine medizinische Anwendung hat Jahrhunderte alte Tradition.

Der Legende nach wurde Großfürst von Kiew, Monarch des 12. Jahrhunderts, durch eine Brühe aus dem Chaga von seinem Unterlippenkrebs geheilt.

Der Chaga aus Sicht der TCM

Energetik:
- Stärkt Milz, Magen und Leber
- Beruhigt Herz und Geist
- Tonisiert Qi und Niere
- Gilt als Tonikum mit ausgleichender Wirkung

Anwendung in der TCM:
- Bekämpft Wind Pathologien
- Wirkt schleimlösend und gegen Blutstase

Bewährte Anwendungsgebiete in der Alternativen Veterinärmedizin:
- Verbesserte Wundheilung
- Behandlung von Verbrennungen und Entzündungen der Haut
- Strahlenschutz
- Gastritis und Magengeschwüre
- Begleitende Tumortherapie im Bereich Magen, Darm, Haut, Melanome
- Hauterkrankungen
- Entzündliche Infektionen des Verdauungstraktes

4. Agaricus bisporus – Champignon

Der Champignon – auch zweisporiger Egerling, Portobello, Mo Gu, Agaricus brunnescens oder Agaricus hortensis genannt – wird erst seit kurzem in der Mykotherapie eingesetzt.

Dies liegt nicht zuletzt daran, dass zu diesem Pilz bislang noch wenige Studien vorliegen, wie es diese bei den anderen, hier genannten Pilzen bereits gibt.

So ist es nicht verwunderlich, dass nur wenigen Menschen bekannt ist, welchen hervorragenden gesundheitlichen Nutzen der Champignon in sich birgt.

Eintragungen über seine erste Kultivierung findet man im 17. Jahrhundert in Frankreich. Dort galt er als sehr teure und äußerst rare Delikatesse. Zwischenzeitlich findet seine Kultivierung bereits weltweit statt.

Die wissenschaftlichen Studien in Bezug auf den Champignon fokussieren sich auf seine konjugierten Linolsäuren (CLA), von denen vermutet wird, dass deren antikanzerogenes Wirkpotential sehr hoch sein soll.

Eine Studie konnte zeigen, dass der Champignon einen äußerst schützenden Effekt gegen die Verfettung der Leber besitzt. So regulierten sich bei den Probanden die relevanten Marker im Blut und der gesamte Fettstoffwechsel.

Der Champignon enthält tatsächlich einen sehr hohen Anteil an Rohprotein in der Trockenmasse. Hier wurden 29–45 % ermittelt. Die Variation dieser Werte hänge wohl von Faktoren wie der unterschiedlichen Kultivierungsmethode, den verschiedenen Nährsubstraten und dem Reifegrad der geernteten Pilze ab.

Beim Kulturchampignon ist das Eiweiß sowohl im Hut als auch im Stiel bis zu 91% verdaulich. Die Eiweiße werden bei der Verdauung in verschiedene Aminosäuren aufgespalten.

Mit einer kombinierten Ernährung von pflanzlichen Produkten und Pilzen kann man erreichen, dass das Eiweiß vom Körper besser verwertet wird.

So könnte in Zukunft – im Gegensatz zur bisherigen Eiweißaufnahme über die verschiedensten Fleischsorten in unserer Ernährung – auch das pflanzliche Eiweiß mehr Bedeutung erlangen. Sehr zur Freude unserer Tiere und unserer Umwelt!

Der Champignon aus der Sicht der TCM

Energetik:

- Wirkung auf Mi, Ma, Lu und Di
  Führt das Lungen-Qi nach unten
- Tonisiert das Wie-Qi, unterstützt das Zhong-Qi
- Füllt Milz- und Magen-Qi auf

- Wirkt befeuchtend bei Trockenheit

Anwendung in der TCM:

- Wirkt aufbauend und tonisierend
- Lindert Husten und Atemnot
- Schmerzhaftes Obstruktionssyndrom durch Wind und Nässe
- Hilft bei Appetitlosigkeit, Kraftlosigkeit und Müdigkeit
- Vorsorge und Behandlung von Brust- und Prostatakrebs

Bewährte Anwendungsgebiete in der alternativen Veterinärmedizin

- Fettstoffwechselstörungen
- Prävention und Behandlung von Tumorerkrankungen vor allem in den Bereichen Gesäugeleiste, Hoden und Mammatumoren
- Inappetenz
- Müdigkeit
- Unterstützung einer gesunden Wundheilung und Vorbeugung massiver Narbenbildung vor allem nach Operationen

5. Coprinus comatus – Schopftintling

Die Wirksubstanzen des Coprinus – bei uns auch Spargelpilz genannt – wurden im Gegensatz zu vielen anderen Vitalpilzen nicht in der traditionellen chinesischen Medizin, sondern in Europa entdeckt.

Man findet ihn nicht nur in Mitteleuropa wildwachsend in Gärten, Wiesen und Wäldern vor, sondern auch als Kulturpilz in den asiatischen Ländern.

Sein Hut ist im frühen Entwicklungsstadium zylindrisch und eiförmig. Er kann bis zu 14cm hoch und bis zu 6cm breit werden. Zu Beginn ist er weiß und schuppig, um sich dann zu einer späteren Reifezeit glockig und schwarz verfärbt zu zeigen.

Den Namen „Schopftintling" verdankt er seiner speziellen Art, sich zu verbreiten. Mit Hilfe einer schwarzen Flüssigkeit, in der die Sporen bei sehr reifen Pilzen aus dem Hut auf den Boden tropfen (dies nennt man auch Selbstauflösungsprozess), vermehrt sich diese besondere Pilzart und so mancher Wanderer oder Gartenbesitzer hat sich schon über die blauschwarzen, tintenähnlichen Flecken auf dem Boden gewundert.

Die Flüssigkeit des Coprinus fand früher auch Verwendung als Schreibtinte.

Als Speisepilz war und ist er bis heute noch sehr beliebt, da er über ein spargelähnliches Aroma verfügt.

Man findet den Schopftintling von Mai bis November.

Der Coprinus comatus ist ein sehr eiweißreicher Pilz mit einem hohen Anteil an essentiellen Aminosäuren, Mineralstoffen und Spurenelementen.

Im Eiweiß wurden bis zu 20 freie Aminosäuren gefunden. Darunter alle essentiellen, z.B. Methionin, Tryptophan, Valin, Isoleucin, Leucin, Phenylalanin und Lysin.

Zu den Inhaltsstoffen zählen ebenso Kalium, Natrium, Magnesium, Eisen, Calcium, Mangan, Kupfer, Zink, Vitamin C, Niacin, Riboflavin und Thiamin (B-Vitamine).

Dr. Rolf Siek (Wissenschaftler der Kölner Arzneimittelfabrik Madaus) begann 1975 mit dem Coprinus comatus zu experimentieren, da er zu diesem Zeitpunkt bereits um dessen blutzuckersenkende Eigenschaft wusste. Diese wurde bereits im Jahre 1964 durch eine Publikation des Deutschen Mykologen Kronberger veröffentlicht.

Da Kronbergers Veröffentlichungen über 10 Jahre keinerlei Resonanz fanden, blieb die blutzuckersenkende Wirkweise des Coprinus comatus über viele Jahre unerforscht.

Erst durch Dr. Siek wurden dann zahlreiche Proben des Coprinus in ganz Deutschland gesammelt und deren Wirkweise in Tierversuchen analysiert und bestätigt.

Auch Prof. Dr. Jan. I. Lelley befasste sich lange Zeit mit den phänomenalen Erfolgen dieses vielversprechenden Pilzes.

Chinesische Wissenschaftler wiesen in Tierversuchen eine 100%ige Hemmung des Wachstums von Sarkomen nach – bösartigen Tumoren des Binde- und Stützgewebes – und eine 90% ige Hemmung des Ehrlich-Karzinoms.

Jüngste Untersuchungen chinesischer Wissenschaftler berichteten im Jahre 2003 über den Fund bioaktiver Polysaccharide im Fruchtkörper des Schopftintlings, die neben einem immunmodulierenden und antitumoralen Effekt auch blutzuckersenkende Eigenschaften aufwiesen (siehe auch oben).

Auch russische Wissenschaftler beschäftigten sich noch vor wenigen Jahren mit den Wirkungen der verschiedensten Tintlinge. Sie fanden neben den bereits bekannten Eigenschaften des Coprinus zusätzlich noch antimikrobielle und antimykotische Wirksubstanzen.

Der Coprinus aus der Sicht der TCM

Energetik:

- Tonisiert Mi und Ma
- Bei Hitze und Flüssigkeitsmangel
- Tonisiert Yin von Lu, Ma, Ni
- **Anwendung in der TCM:**
- Xiao Ke (Diabetes mellitus)
- Kühlt Blut und Hitze
- Verdauungsstörung und Verstopfung

Bewährte Anwendungsgebiete in der alternativen Veterinärmedizin:

- Senkung des Blutzuckerspiegels bei Diabtetes Typ I und Typ II
- Verbesserung der Durchblutung und Verdauung
- Obstipation
- Begleitende Therapie bei Sarkomen
- EMS (equines metabolisches Syndrom = Erkrankung des endokrinen Systems bei Pferden)
- Lipome
- Entzündungen bakterieller Art
- Augentumore Hufrehe (Folge von EMS)

6. Cordyceps sinensis – chinesischer Raupenpilz

Der Cordyceps sinensis – auch als „chinesischer Raupenpilz" bekannt – wächst ursprünglich nur im tibetischen Hochland, den alpinen Graslandschaften China's sowie in einigen Provinzen Indiens.

Er befällt die Larven von „Wurzelbohrern". Diese Larven kommen von den Eiern, die eine bestimmte Schmetterlingsart nach der Paarung zwischen Kräutern, Löwenzahn, Knöterich und andern Gewächsen auf die Wiese streuen.

Aus diesen Eiern schlüpfen dann Raupen die wenige Zentimeter unter der Erde leben und sich dann von den Wurzeln dieser Pflanzen ernähren.

Nachdem der Pilz dann eine Raupe befallen hat, verdaut er deren gesamten Körper bis hin zur äußeren Schale.

Im Spätherbst und im Winter werden vom Kopfende der Raupenhülle, die vom Pilzgeflecht komplett gefüllt ist, die Fruchtkörper des Raupenpilzes gebildet, welche nur wenige Zentimeter aus dem Boden ragen.

Diese keulenförmigen Fruchtkörper sind sehr schmal und werden nur bis zu 6mm stark.

Einige Wissenschaftler gehen davon aus, dass der Pilz mit dieser Raupe ein „Zusammenleben mit gegenseitigem Nutzen" eingeht.

Eine Kultivierung dieses Pilzes ist in unseren Breitengraden und unter natürlichen Bedingungen nicht möglich. So haben sich Biologen und Wissenschaftler in jüngster Zeit intensiv mit den Möglichkeiten der Kultivierung dieses interessanten Vitalpilzes beschäftigt, um die Wirksubstanz „Cordyceptin" auch in hoher Konzentration erzeugen zu können.

Es gelang ihnen dann auch, das Myzel des Cordyceps sinensis im Bioreaktor in geeigneten Nährstofflösungen zu kultivieren. Erfreulich dabei war, dass dieser gewonnene Myzelextrakt genauso wirksam ist wie der ursprüngliche Pilz.

Ebenso verhält es sich mit dem neuen speziellen Zuchtverfahren der Firma Mykoplan. Hier gelang es erstmalig unter „natürlichen Bedingungen" in speziellen Biotechanalgen den Cordyceps zu züchten.

Tibetischen Yak-Hirten ist die, sowohl damals als auch heute noch bestehende, hohe Nachfrage dieses sehr wirkungsvollen Vitalpilzes zu verdanken.

Sie beobachteten bei den im Hochland weidenden Rindern eine deutlich höhere Widerstandskraft und höhere Lebenserwartung, als es bei Rindern der Fall war, die an anderen Orten gehalten wurden.

Als Ursache für dieses Phänomen fanden sie die winzigen, keulenartigen Raupenpilze, die zwischen den Hochlandgräsern wuchsen und von allen dort weidenden Yak-Rindern mitgefressen wurden.

Die ersten Hinweise in Bezug auf den Cordyceps sinensis lieferte der tibetische Arzt und Gelehrte Zurkhar Nyamnyi Dorje in der Zeit zwischen 1439 und 1475.

Er beschreibt den Raupenpilz in seiner „Tibetischen Arzneimittellehre" und ordnete ihn dort in die Kategorie medizinischer Essenzen ein.

Er war es auch, der über die Beobachtungen der Yak-Hirten berichtete. Diese Hirten konnten neben der bereits beschriebenen höheren Widerstandskraft und längeren Lebenserwartung auch eine klar aphrodisierende Wirkung des Cordyceps sinensis auf deren Rinder feststellen.

1757 erschien dann im Werk des chinesischen Gelehrten Wu-Yiluo die erste wissenschaftlich gesicherte Beschreibung des Cordyceps sinensis.

Im 18. Jahrhundert berichtete dann auch der französische Jesuitenmönch Perennin Jean Baptiste du Halde über den Raupenpilz, obwohl er diesen selbst nie gesehen hatte.

Seine Informationen bezog er während eines Aufenthaltes am Kaiserlichen Hofe Chinas.

Der Fruchtkörper des Cordyceps sinensis enthält ca. 25,3% Roheiweiß, Ballaststoffe, Kohlehydrate und Mineralstoffe. In seinem Eiweiß wurden Aminosäuren wie das Valin, Arginin, Alanin, Glutaminsäure, Phenylalanin, Prolin und Histidin gefunden.

Des Weiteren besteht er zu über 80% aus ungesättigten Fettsäuren und verfügt neben Vitaminen der B-Gruppe auch über Kalium.

In der Tierheilkunde findet dieser wertvolle Pilz seinen Einsatz bei Asthma, COPD, bakteriellen und auch viralen Infekten, bei Parasitosen sowie bei Störungen des Hormonhaushaltes.

Überzeugen konnte er mit seinem positiven Einfluss auf die Organbereiche von Niere, Lunge und Schilddrüse.

Er unterstützt in hohem Maße die Immunabwehr, die Leistungsfähigkeit sowie die Libido. Zeitgleich wirkt er aber auch beruhigend und entspannend und findet so seinen Einsatz im Bereich des vegetativen Nervensystems.

Der Cordyceps aus Sicht der TCM

Energetik:

- Stärkt Lu Yin, Ni Yang und Ni Essenz
- Einfluss auf Qi und Blut
- Kräftigt Ming Men (Tor der Vitalität)
- Beruhigt Shen

Anwendung in der TCM:

- Ni Yang und Essenz Mangel Symptome
- Stärkt und unterstützt Wie-Qi, Lu-Qi und Lu-Yin Mangel Symptom
- Zur allgemeinen Stärkung und Leistungssteigerung

Bewährte Einsatzgebiete in der alternativen Veterinärmedizin:

- Asthma
- Lungen- und Bronchialerkrankungen, COPD
- Borreliose
- Bakterielle Erkrankungen
- Regulation des hormonellen Systems
- Nierenschwäche und/oder Niereninsuffizienz
- Ängste, Unruhe, Stress
- Steigerung der Leistungsfähigkeit
- Entgiftung und Schwermetallausleitung
- Rheuma und Arthrosen
- Cushing (übermäßige Bildung des Hormons Cortisol)
- Lymphome und Leukämie
- Begleitende Tumortherapie
- Schilddrüsenerkrankungen
- Cushing der Nebenniere
- Scheinträchtigkeit
- Steigerung der Libido
- Regulierung der Herzfunktion
- Muskelregeneration

Besonderheit Cordycps sinensis:
Bei Sportpferden fällt der Cordyceps sinensis unter das Dopinggesetzt!

7. Coriolus versicolor – Schmetterlings-Tramete, Yun Zhi

Der Coriolus – uns auch bekannt als Schmetterlings-Tramete – kommt weltweit vor und wächst auf abgestorbenem Laubholz.

Er wächst ganzjährig, ist aber durch seine ledrige, zähe Konsistenz leider nicht als Speisepilz zu verzehren.

Sehr häufig können wir ihn auf alten Gartenzäunen wachsend bewundern. Auf Grund seiner vielfältigen Farbenpracht wird er heutzutage oft zu Dekorationszwecken verwendet.

Der Coriolus verfügt über rosettenartig angeordnete, mehrfarbig bunte, teilweise glänzende Hüte. Seine Nährgrundlage bildet totes Holz und er sorgt dafür, dass bereits gefällte Stämme im Wald langsam verwesen (können). Aus diesem Grund zählt er zu den Bauholzschädlingen.

Während der Coriolus bereits seit Jahrhunderten in der Traditionellen Chinesischen Medizin, in Japan und auch in Mexiko seinen

Einsatz findet, ist seine Anwendung in den europäischen Ländern noch verhältnismäßig selten.

Der Coriolus versicolor verfügt über ein sehr bedeutendes Polysaccharid namens „Krestin", welches aus Beta-Glucanketten besteht, das an Polypeptide gebunden ist und ansehnliche Mengen Glutaminsäuren, Asparaginsäure und Aminosäuren enthält.

Ebenso verfügt er über das sogenannte PSP, einer hochaktiven Substanz bestehend aus Peptiden und Polysacchariden. Diese Substanz enthält Galactosemoleküle.

Beide Wirkstoffe, sowohl das Krestin als auch das PSP, haben eine sehr starke immunmodulatorische und antitumorale Wirkung zu verzeichnen.

Im Coriolus wurden unter anderem auch Ergosterin – eine Vorstufe des Vitamin D – und im Myzel ein proteinhaltiges Kohlehydrat mit dem Namen „Dextran" nachgewiesen.

Dextran wird in Japan zur unterstützenden Behandlung bei Hepatitis und Leberkrebs eingesetzt.

Während der Coriolus in der TCM seinen Einsatz auf dem Gebiet der Konstitutionsstärkung und Behandlung von Menschen mit chronischen Entzündungen findet, z.B. bei Infektionen und Entzündungen der Atemwege sowie der Harn- und Verdauungsorgane, wird er in Japan und Mexiko gegen Pilzerkrankungen – den sogenannten Mykosen – und bei Vorliegen von Ekzemen eingesetzt.

Sämtliche Einsatzgebiete dieses vielfältig angewandten Vitalpilzes konnten in klinischen Testungen durch positive Erfolge bestätigt werden.

Der chinesische Wissenschaftler D. Zhu veröffentlichte vor ungefähr 20 Jahren seine Untersuchungsergebnisse in Bezug auf den Coriolus. Er fand heraus, dass das PSK (siehe oben) eine phagozytische Aktivität der Makrophagen hervorrief und die Abwehrfunktion im Organismus verbesserte.

Mäuse, die einer Strahlentherapie ausgesetzt wurden, konnten mit dem Coriolus vor den Nebenwirkungen der Bestrahlung geschützt und deren Leben so verlängert werden.

Anderweitig durchgeführte Forschungen bewiesen eine direkte Wirkung auf Tumorzellen, insbesondere auf Adenosarcoma, Fibrosarcoma, Mastzelltumore und Plasmozytomen (tumoröse Wucherung von Plasmazellen im Knochenmark).

Melanome, Darmkrebserkrankungen und Lungencarcinome reagierten ebenfalls auf die Verabreichung von Coriolus-Extrakten.

Der japanische Forscher T.S. Tochikura wies ebenso eine antivirale Wirkung in PSK nach.

Grund dafür sahen sie wohl in der Aktivierung der Interferonproduktion durch den Wirkstoff PSK.

Auch durch die Applikation von PSP (Krestin) erhöhte sich die Anzahl und Aktivität der natürlichen Killerzellen, die im Organismus dafür Sorge tragen, Gewebetrümmer, Fremdkörper und Bakterien aufzunehmen und diese zu verdauen. Ebenso erhöhte sich die Anzahl der T-Zellen sowie der Interferon- und Interleukinproduktion.

Durch In-vitro-Experimente stellte man nebenbei eine hemmende Wirkung auf Herpesviren fest.

Die bereits bekannte Stimulierung der Interferonproduktion konnte in Tiermodellen eine tödliche Infektion von Mäusen durch den Pilz Candida albicans verhindern.

So ist es nicht verwunderlich, dass der Coriolus wohl zu den wichtigsten und interessantesten Pilzen unserer Zeit zählt.

Der Coriolus aus Sicht der TCM

Energetik:
- Unterstützt Mi, Ma, Le, He und Ni
- Tonisiert Mi-Qi und Ni-Essenz
- Löst Feuchtigkeit und Schleim
- Leitet pathogene Faktoren aus

Anwendung in der TCM
- Unterstützt Zhong Qi und Zheng Qi
- Wind-Kälte und Wind-Hitze Erkrankungen
- Baut Nieren Essenz auf
- Bei chronischen Erkrankungen und Müdigkeit

Bewährte Anwendungsgebiete in der alternativen Veterinärmedizin

- Bakterielle und virale Infekte
- Mykosen (Pilzerkrankungen)
- Entzündungen
- Begleitende Therapie bei Endo- und Ektoparasiten
- Warzen
- Rheuma und Arthritis
- Malassezia (durch Pilze hervorgerufene Hauterkrankung)
- Trichophyten (Dermatophyten, die zu Pilzerkrankungen führen können)
- Equines Sarkoid (Hauttumor des Pferdes)
- Herpesinfektionen
- Stomatitis (Entzündung der Mundschleimhaut)
- Gingivitis (Zahnfleischentzündung)
- Cushing der Hypophyse (übermäßige Bildung des Hormons Cortisol)
- Blasenentzündungen

8. Hericium erinaceus – Igelstachelbart/ Affenkopfpilz/ Pom Pom

Der Hericium erinaceus – wegen seines Aussehens auch Igelstachelbart oder Pom Pom genannt – wird seit den 50er Jahren des 20. Jahrhunderts kultiviert.

Die genaue Übersetzung der asiatischen Schriftzeichen hat diesem Pilz auch den Namen „Affenkopfpilz“ verliehen, da er mit seinem Aussehen einer in China vorkommenden Affenart gleicht. Diese Affenart ist so stark behaart, dass man deren Gesichter kaum erkennen kann.

Die bevorzugten Lebensräume des Hericium sind Laubbäume, vor allem Buche und Eiche, doch auch Apfel- und Nussbäume.

Im frühen Stadium ist sein Fruchtkörper weiß, um sich dann später gelblich, bis hellbraun zu färben. Er ist rundlich bis oval und verfügt über einen sehr kurzen Stiel. Sein knollenartiger Körper wird außen von langen, dichten und stacheligen Haaren umgeben.

Der Hericium kann – wie viele andere Speisepilze auch – auf dem eigenen Balkon oder Garten kultiviert werden.

Dr. Schnitzler brachte den Hericium von einer Asienreise mit nach Deutschland und konnte viele Wirkungen aus der bereits bekannten Literatur über den Hericium bestätigen.

Seine Inhaltsstoffe wurden sowohl in den asiatischen Ländern als auch in Deutschland durch Prof. Dr. Schnitzler, Frau Dr. R. Eisenhut und Frau Dr. agr. Susanne Ehlers an der TU München/ Weihenstephan erforscht.

Frau Dr. Ehlers gelang es, die Anbautechnologie für den Hericium und seine ernährungsphysiologischen und unterstützenden Heilwirkungen abzuklären.

Frau Dr. Ehlers beschäftigte sich mit Extrakten des Hericium erinaceus, sowohl aus dem Fruchtkörper als auch aus dem Myzel. Sie fand dabei heraus, dass Extrakte, die mit dem Lösungsmittel Pentan hergestellt wurden, zytotoxisch wirkten.

Chinesen stellten dagegen Tabletten aus dem Myzel des Hericium her und setzten diese erfolgreich gegen Magen- und Zwölffingerdarmgeschwüre sowie bei chronischer Gastritis ein.

Dabei wurde eine deutlich unterstützende Heilwirkung bei Speiseröhren- und Magenkrebs festgestellt.

Die Wissenschaftler Yang und Jong geben zusätzlich eine entzündungshemmende Wirkung des Hericium an.

Der japanische Forscher Hirokazu Kawagishi untersuchte einen Alkoholextrakt aus dem Fruchtkörper und Myzel des Hericiums und fand dabei heraus, dass beide Extrakte das Wachstum des Bakteriums Staphylococcus aureus hemmen. Bei der diesbezüglich aktiven, antibakteriell wirkenden Substanz handelt es sich um das bereits nachgewiesene Erinacin.

Laut zahlreich vorliegender Studien enthält dieser hervorragende Speisepilz wasserlösliche Polysaccharide mit immunmodulierenden und antimutagenen Wirkspektren.

Nachgewiesen wurden unter anderem reichlich Germanium, Eisen, Zink, Kalium, Phosphor und ein wenig Natrium.

Ferner alle essentiellen Aminosäuren, Niacin, Biotin, Riboflavin, Ergosterin (eine Vorstufe des Vitamin D) sowie Polysaccharide und Polypeptide.

Für sein Aroma sind 32 Substanzen verantwortlich. Limonen und 4-Octanolid sorgen für die leichte Geruchsnote von Zitrone und Kokos.

In Studien nachgewiesene antimikrobielle Wirksubstanzen können beispielsweise das Bakterium Helicobacter pylori, das für die Entstehung von Magengeschwüren und auch Magenkrebs mitverantwortlich gemacht wird, hemmen.

So verwundert es nicht, dass dieser Pilz sein Haupteinsatzgebiet in der unterstützenden Behandlung von Erkrankungen des Verdauungssystems findet.

Nebenbei kann der Hericium in großem Maße zum Wiederaufbau geschädigter Schleimhäute beitragen.

Eine Studie konnte den erfolgreichen Einsatz des Hericium erinaceus bei Gastritis-Patienten bestätigen.

Eine signifikante Besserung der Symptome wurde bei 82% der betroffenen Probanden festgestellt.

Während bei 58% der Teilnehmer sogar ein völliges Verschwinden der vorliegenden Entzündung registriert wurde. Die geschädigte Magenschleimhaut konnte nachhaltig wiederaufgebaut werden.

Die Wissenschaftler Q.Y. Yang von der Shanghai Normal University aus China und S.C. Jong von der American Type Culture Collection aus den USA berichteten von einer Hemmwirkung auf das Wachstum des Ehrlich-Aszites-Carcinoms und auf das Sarcoma 180.

Ursächlich für diese Wirkung ist die Hemmung der Synthese von RNS (Ribonuklein- und Desoxyribonukleinsäure) in den Tumorzellen.

Des Weiteren fanden japanische Wissenschaftler den Inhaltsstoffe Erinacin, welcher über sogenannte „Nerv growth factors" verfügt (Nervenwachstumsfaktoren).

Dieses Wissen führte dazu, dass der Hericium auch bei Nervenschädigungen, zur Regeneration von peripheren Nerven, bei Polyneuropathie, Alzheimer, Demenz etc. seinen unterstützenden Einsatz findet – mit sehenswertem Erfolg.

Zu den Besonderheiten dieses Pilzes zählt auch, dass er ein hervorragender Schleimbildner ist. Aus diesem Grund sollte er nicht bei Infekten eingesetzt werden, die bereits mit einer vermehrten Schleimproduktion einhergehen.

Die Wirkung des Hericium erinaceus laut TCM

Energetik:
- Alle 5 Organe, Mi, Ma, Le und Ni
- Befeuchtend
- Unterstützt Shen (He und Ni)
- Zerstreut Hitze

Anwendung in der TCM:
- Wei Tong Erkrankungen
- Shen Störungen
- Neuropathien
- Unterstützung der Schleimhäute

Bewährte Anwendungsgebiete in der alternativen Veterinärmedizin:
- Erkrankungen des Magen- und Darmtraktes
- Unterstützende Behandlung von Bauchspeicheldrüsenentzündungen
- Darmflorastörungen und erhöhte Magensäurebildung
- Regulation des vegetativen Nervensystems
- Unruhe und Angstzustände
- Analdrüsenentzündungen
- Unterstützende Behandlung von Milzerkrankungen
- Nervenschädigungen
- Begleitende Allergietherapie (Aufbau der Darmflora)
- Unterstützende Behandlung von Magnesiummangel
- Regulation von Haut und Schleimhäuten
- Begleitende Tumortherapie, bevorzugt in den Bereichen der Verdauungsorgane, der Milz und bei Sarkomen.
- Unterstützende Behandlung bei Magnesiummangel

9. Maitake – Klapperschwamm/ Grifola frondosa/Tanzender Pilz

Der Name Maitake wird sowohl mit „Tanzender Pilz" als auch mit „Klapperschwamm" übersetzt.

Es wird vermutet, dass dies auf seine Wuchsform zurückzuführen ist. Sein Fruchtkörper gleicht einem kleinen, sehr stark belaubten Busch. Dieser besteht aus einer Vielzahl überlappender Einzelhüte die graubraun, rußfarbig und stark zerklüftet sind.

Er kann bis zu 50cm hoch werden und ein Gewicht von bis zu 15kg erreichen.
Der Maitake lebt mehrere Jahrzehnte neben Eichen, Edelkastanien sowie Rot- und Weißbuchen. Über das Wurzelsystem seines Wirtbaumes treibt er sein Myzel und kann so auch die Wurzeln benachbarter Bäume befallen.

Im Altertum wurde der Maitake mit Gold aufgewogen! So ist es nicht verwunderlich, dass seine Fundstellen über Generationen strengstens geheim gehalten wurden.

Mit seiner Kultivierung wurde erst in den 80er Jahren des 20. Jahrhunderts begonnen.
Aufgrund seines Aromas gehört der Maitake heutzutage zu den beliebtesten Speisepilzen.

Bemerkenswert ist sein hoher Anteil an Ergosterin, einer Vorstufe des Vitamin D. Zudem enthält er Riboflavin, Panthothensäure, Vitamin D, Niacin, Biotin, Thiamin und Folsäure sowie Eisen, Zink, Kalium, Calcium, Natrium, Kupfer, Phosphor, Mangan und Magnesium.

Nachgewiesen wurden unter anderem verschiedene, ungesättigte Fettsäuren, darunter Linolensäure, Elaidinsäure, Oleinsäure, Lecithin, Glycerolipide und Phosphinsäure.

Sein gesundheitsförderndes Potential wird auch den Polysacchariden Grifolan und Grifolin sowie den metallisch gebundenen Proteinen und Lektinen zugesprochen.

Die sogenannte D-Fraktion in den Pilzextrakten des Maitakes gilt als besonders aktiv. So wurde in wissenschaftlichen Versuchen nachgewiesen, dass unter Verwendung eines alkoholischen Extraktes aus dem Maitake der Blutdruck und unter Verwendung eines wässrigen Extraktes aus dem Maitake auch das Cholesterin effektiv gesenkt werden konnten.

Zu den bedeutendsten Polysacchariden im Maitake zählen die Beta-1,3 und Beta-1,6-Glucane.

In Tiermodellen zeigte sich, dass die D-Fraktion bei oraler Einnahme antitumoral wirkte.

Der Maitake verfügt über sogenannte Nukleotiden

(chemische Verbindungen). Diese sind besonders für den Aufbau der Nukleinsäure, einem Bestandteil der Zellkerne wichtig.

Intensive Forschungen betrieb hierzu besonders Prof. Dr. Hiroaki Nanba, Immunologe und leitender Professor für Mikrobiochemie an der Kobe University for Pharmacy, Mitglied der Japanese Cancer Society und der New York Academie of Science.

Er fand in seinen Studien heraus, dass der Maitake nicht nur zur Prävention von Krebs, sondern auch zur unterstützenden und begleitenden Tumortherapie angewendet werden kann. Er bestätigte außerdem die immunregulierende, Blutdruck senkende, Fettstoffwechsel regulierende und antidiabetische Wirkung dieses interessanten Vitalpilzes.

Eine klinische Studie an 165 Patienten verschiedenster Altersklassen mit unterschiedlichen Tumoren in fortgeschrittenem Stadium ergab eine signifikante symptomatische Verbesserungen mit Maitake D-Fraktionen bei 73% Brustkrebsfällen, 67% der Lungenkrebspatienten und 47% der Leberkrebspatienten.

Eine Vielzahl von Studien laufen derzeit sowohl in den USA als auch in Japan.

Die Anzahl der laufenden Studien hat sich in den letzten zwei Jahrzehnten rasant vermehrt, was die positiven Untersuchungsergebnisse erhärtete.

So konnte in Tierversuchen gezeigt werden, dass die SX-Fraktion des Maitake die Glukosetoleranz erhöhen kann ohne die Insulinproduktion weiter zu beeinflussen.

Ebenso konnte ein Blutzucker senkender Effekt festgestellt werden.

Dies ist besonders auf dem Gebiet der unterstützenden Diabetes-Behandlung äußerst interessant.

Die Wirkung des Maitake auf das Immunsystem:
Anregung der Produktion von Interleukin I und II (siehe auch Kapitel „Wirkung auf das Immunsystem")

Aktivierung der T-Zellen, der natürlichen Killerzellen (NK-Zellen) und der Makrophagen.

Die Wirkung des Maitake aus Sicht der TCM

Energetik:
- Tonisiert Mi, Ma, Ni und Bl und Mi-Qi
- Tonisiert Yin von Lu, Ma, Ni, kühlt Hitze
- Leitet Nässe aus
- Baut Ni Essenz auf

Anwendung in der TCM:
- Xiao Ke (Diabetes)
- Löst Feuchtigkeit auf
- Liu Erkrankungen
- Knochen

Bewährte Anwendungsgebiete in der alternativen Veterinärmedizin:
- Diabetes
- EMS (Equines Metabolisches Syndrom = Erkrankung des endokrinen Systems bei Pferden)
- Herzrhythmusstörungen
- Hüftdysplasie
- Ellenbogendysplasie
- Muskelaufbau und Knochenstärkung
- Leberschutz

- Melanome (Hautkrebs)
- Lipome (Zunahme des Fettgewebes)

Begleitende Tumortherapie vor allem auf den Gebieten:

- Mamma- und Gesäugeleistentumore, Leberkrebs und Gehirntumore
- Knochenkrebs
- Verbesserung der Verträglichkeit von Chemotherapie und Strahlentherapie
- Virusinfektionen
- Mineralisation der Knochen
- Arthrose

10. Pleurotus ostreatus – Austernpilz

Der Austernseitling – auch Austernpilz, Ping Gu oder Kalbfleischpilz genannt – ist ein weltweit bekannter Speisepilz.

Es gibt weltweit mehr als 1000 verschiedene Pleurotusarten. Die Bezeichnung „Austernpilz" ist somit ein Sammelbegriff für die zahlreichen Seitlingsarten.

Der Austernseitling (Pleurotus ostreatus) verfügt über einen grau-schwarz bis violett gefärbten Hut, der einen Durchmesser zwischen 5 und 15cm besitzen kann. Er verfügt über einen sehr kurzen Stiel und sehr dichte, weiße Lamellen.

Man findet ihn sowohl im Frühjahr als auch im Herbst in Mischwäldern, in Gärten und an Stümpfen von toten Baumstämmen von Erlen, Weiden, Rosskastanien sowie Buchen und Pappeln.

Weltweit werden jährlich bis zu 2,7 Millionen Tonnen Austernseitlinge zur Verwendung als Speisepilze kultiviert.

Der Austernseitling liefert uns vor allem Vitamine der B-Gruppen insbesondere B1, B2, Niacin, Panthothen- und Folsäure.

Vor allem die Folsäure ist auf dem Sektor der Veterinärmedizin sehr interessant, da diese sowohl das Haar- als auch das Knochenwachstum fördern und eine krankhafte Verminderung der weißen Blutkörperchen (Leukozyten) eindämmen kann.

Die B-Vitamine sind außerordentlich wichtig für eine gesunde Funktion der Nerven- und Muskelzellen.

Der Austernseitling enthält ebenso Vitamine der D-Gruppe sowie die Mineralien Kalium, Magnesium, Phosphor, Calcium und geringe Mengen an Selen und Kupfer.

Sowohl japanischen als auch indischen Forschern gelang es, mit einem Austernpilzextrakt verschiedene Tumorarten in deren Wachstum stören zu können. Dabei konnten sie eine bemerkenswerte antioxidative, entzündungshemmende und cholesterinsenkende Wirkweise dieses Pilzes bestätigen.

Russische Forscher dagegen befassten sich mit einem, aus dem Myzel des Austernseitlings gewonnenen Extrakt. Sie konnten eine Hemmwirkung gegen den Schimmelpilz Aspergillus niger sowie gegen grampositive und gramnegative Bakterien feststellen. Es gelang Ihnen, aus dem Austernseitling ein Antibiotikum zu isolieren, das sogenannte Pleurotin.

Die Wirkweise des Pleurotus aus Sicht der TCM

Energetik:

- Wirkung auf Mi, Ma und Le
- Bei Nässe und Nässe-Schleim
- Tonisiert das Wie-Qi
- Bei Qi Mangel, Blut-Mangel und Stagnationen
- Vertreibt Wind und Kälte
- Unterstützt das Zhong Qi
- **Anwendung in der TCM:**
- Wirkt aufbauend und stärkend
- Hilft bei Appetitlosigkeit
- Unterstützt die Regeneration nach Ermüdung
- Taubheit und/oder Krämpfe der Extremitäten
- Stärkt die Immunabwehr
- Stärkung von Lebenskraft und geistiger Kraft
- Schmerzhafte Obstruktionsbeschwerden (Bi-Syndrom)
- Schwindel und Kopfschmerzen
- Wirkt einem frühzeitigen Alterungsprozess entgegen

Bewährte Anwendungsgebiete in der alternativen Veterinärmedizin:

- Belastung durch Schimmelpilze
- (Aspergillus niger)
- Bakterielle Infektionen
- Schutz vor freien Radikalen
- Begleitende Tumortherapie
- Adipositas (Übergewicht)
- Regulation von erhöhten Blutfettwerten (auch Triglyceriden)
- Aminosäuredefizite
- Senkung der Glukose, Lipide und Leberenzyme im Blut
- Adipositas
- Folsäuremangel
- Wachstumsstörungen von Knochen

- Krankhafte Verminderung von Leukozyten
- Stärkung der Venen und Entspannung von Sehnen

11. Polyporus umbellatus – Eichhase

Der Polyporus umbellatus, auch bekannt unter den Namen Eichhase, Polyporus umbeallata, Zhu Ling oder Chorei findet in der Traditionellen Chinesischen Medizin seit mehr als 1000 Jahren als Antibiotikum seinen Einsatz.

In der Mykotherapie wird nicht der Fruchtkörper dieses Pilzes verwendet, sondern die unter der Bodenfläche liegende und komplett verwobene Myzelmasse, das sogenannte Sklerotium des Pilzes.

Dieses Sklerotium ist meist von den sehr dünnen Wurzeln noch lebender Bäume durchzogen. Wissenschaftlich nachgewiesen ist, dass gerade im Sklerotium des Polyporus umbellatus seine Inhaltsstoffe in sehr hoher Konzentration vorhanden sind.

Auch hierzulande kommt der Polyporus umbellatus vor, ist jedoch nicht sehr weit verbreitet. Er wächst von Juni bis Oktober in sehr dichten Büschen auf dem Boden von Buchen- und Eichenwäldern.

Ein Büschelchen dieses hervorragenden Pilzes besteht meist aus mehreren hundert Fruchtkörpern, die alle einem einzigen Stiel entstammen. Ein Polyporus-Büschel kann bis zu 20kg schwer und mehrere Jahre alt werden. Seine Hüte sind graubraun bis hellbraun, klein und meist rund.

Im Sklerotium wurden Ergosterin, Vitamin B, Biotin, Folsäure, Niacin, Retinol, Proteine und Polysaccharide nachgewiesen. Ebenso fand man sehenswerte Mengen an Calcium, Kalium, Kupfer, Eisen, Mangan, Zink und auch etwas Kupfer.

Mangan wird für die Steuerung des Wachstums und für die Funktion vieler Enzyme benötigt. Kupfer unterstützt die Bildung roter Blutkörperchen, während eine ausreichende Zinkversorgung die Freisetzung von Insulin bewirkt.

Seine stark antibiotische Wirkung bewährte sich schon vor langer Zeit als Wunddesinfektion. So ist es nicht verwunderlich, dass bei der allseits bekannten Gletschermumie „Ötzi" ein, dem Polyporus verwandter Birkenporling gefunden wurde.

Besonders interessant dürfte die harntreibende Wirkung des Polyporus umbellatus sein. Seine entwässernde Wirkung beruft sich auf einen gesteigerten Harnfluss. So findet er seinen Einsatz sowohl bei Ödemen als auch bei spärlichem Harnvolumen, bei Leukorrhoe und bei Gelbsucht.

Sowohl in Tierversuchen als auch in klinischen Testungen zeigte sich nach Gabe eines Extraktes aus dem Vitalpilz Polyporus umbellatus eine deutliche Erhöhung der Urinproduktion sowie der Natrium- und Chloridausscheidung.

Interessant hierbei war, dass im Gegensatz zu herkömmlichen harntreibenden Mitteln der Polyporus nicht zu einer vermehrten

Ausscheidung von Kalium führt. Gerade dies ist bedeutsam, da Kalium wichtige Funktionen im Organismus wahrnimmt.

In mehrfach durchgeführten Studien der letzten Jahre konnte durch die Gabe von Extrakten aus dem Polyporus umbellatus eine bemerkenswerte Hemmwirkung gegen die sehr bösartige Bindegewebsgeschwulst „Sarcoma 180" und auch gegen Leberkrebs nachgewiesen werden.

Dies führte man darauf zurück, dass der Extrakt, ähnlich wie bei Hericium, die Synthese der Desoxyribonukleinsäure (DNA) in den Krebszellen blockiert.

Ebenso wurde nachgewiesen, dass die Extrakte dieses Pilzes das Immunglobulin M (IgM) beschleunigen und die Fresskraft der Monozyten massiv stärken können.

In weiteren Laborexperimenten zeigte ein alkoholischer Extrakt aus Polyporus umbellatus eine sehr gute antibiotische Wirkung vor allem gegen den gefährlichen Eitererreger „Staphylococcus aureus" und gegen „Eschericia coli".

Die Wirkweise des Polyporus aus Sicht der TCM Energetik:

- Unterstützt Mi, Ni, Bl und Lu
- Unterstützt die Funktion der unteren Öffnungen
- Unterstützt den Wasserstoffwechsel

Anwendung in der TCM:

- Miktionsbeschwerden
- Liu Erkrankungen
- Öffnet die Schweißdrüsen
- Feuchtigkeitsansammlungen
- Verbessert die Hautstruktur

Bewährte Anwendungsgebiete in der alternativen Veterinärmedizin:

- Entwässerung (ohne Kaliumausscheidung)
- Ödeme des Gefäßsystems
- Entwässerung bei Herz- und/oder Niereninsuffizienz
- Unterstützende Blutdruckregulation (beeinflusst positiv den diastolischen Wert)
- Verbesserung der Haut- und Fellstruktur
- Erkrankungen durch Staphylococcus aureus (Bakterien)
- Sarkom (bösartiger Weichteiltumor)
- Förderung des Lymphflusses
- Blasenentzündungen und Blasensteine
- Wachstum von Krallen, Hufen und Fell
- Lipödem (Fettverteilungsstörung)
- Blasenentzündungen
- Blasensteine

Besonderheit:

Dieser Pilz soll aufgrund seiner Lymphfluss anregenden Wirkung NICHT zur begleitenden Lymphom-Therapie eingesetzt werden!

Ebenso nicht, wenn der Verdacht auf eine Metastasierung im Lymphatischen System vorliegen würde.

Frisch getrocknet zählt der Polyporus zu den eisenreichsten Speisepilzen.

12. Reishi – Ganoderma lucidum

In der Traditionellen Chinesischen Medizin wird der Reishi seit wohl mehr als 4000 Jahren verwendet.

Sein chinesischer Name Ling Zhi bedeutet in der Übersetzung „Pilz der Unsterblichkeit" bzw. „Kraut Gottes", während er in Japan als „Reishi" und bei uns auch unter „Glänzender Lackporling" bekannt ist.

Der Reishi wächst aus Baumstämmen heraus und trägt einen seitlich gestielten, rotbraunen, glänzenden, tellerförmigen Hut. Er wächst bevorzugt in Eichen- und Hainbuchenwäldern, aber auch auf abgestorbenen Baumstämmen von Erle, Buche, Kirsche, Eiche und Birke sowie am Fuß noch lebender Bäume.

Sein sehr auffälliges Aussehen führte dazu, dass der Glänzende Lackporling auch zu Dekorationszwecken und für Blumengestecke verwendet wird.

Da sein Fleisch sehr holzig und unglaublich hart ist, ist der Reishi als Speisepilz vollkommen ungeeignet.

Trotz allem ist gerade dieser Pilz durch seine wissenschaftlich nachgewiesene Heilkraft weltweit mit Abstand zu einem der bedeutendsten Vitalpilze avanciert.

Bereits vor hunderten von Jahren wurde Reishi für die Behandlung von chronischen Erkrankungen eingesetzt. Dazu zählten bereits damals die chronische Gelbsucht, Nieren- und Gelenkentzündungen, Bronchitis, Asthma und Erkrankungen des Magen-Darm-Traktes.

Auch heute wird er in China noch als eines der wirksamsten Stärkungsmittel der Zeit empfohlen und bei Mensch und Tier mit tumorösen Erkrankungen unterstützend eingesetzt.

Der Fruchtkörper des Reishi enthält neben Aminosäuren, Eiweißen, wertvollen Fetten und Alkaloiden auch Magnesium, Zink, Mangan, Eisen, Kupfer, Calcium und Organogermanium. Ebenso die Vitamine des B-Komplexes, Biotin, Folsäure und Vitamin A. Sein Germaniumgehalt dürfte an der Stimulierung der Interferonproduktion beteiligt sein.

Am bedeutsamsten sind jedoch seine Stoffgruppen der Polysaccaride und Triterpene.

Den Polysacchariden wurden mehrfach tumorhemmende und immunstabilisierende Wirkungen nachgewiesen. Die Triterpene sind nach vorliegenden Erkenntnissen in der Lage, Bluthochdruck und Cholesterin zu senken und die Freisetzung von Histamin im Organismus zu hemmen.

In den letzten Jahren durchgeführte klinische Studien sowohl in Japan als auch in den USA bestätigten dem Reishi unter anderem eine blutdrucksenkende, antithrombotische und cholesterinsenkende Wirkung. Dies wird den Triterpenen zugeschrieben (zyklische Kohlenwasserstoffe wie Ganodermiksäuren, Ganolucidsäure, Lucidemiksäuren), die im Reishi reichlich vorhanden sind. Zugleich wird durch sie auch die Histamin Freisetzung im Organismus gehemmt, was typische allergische Symptome zu mildern in der Lage ist.

Einige wertvolle Substanzen des Ganoderma lucidum wirken entspannend und beruhigend auf das zentrale Nervensystem. Darin liegt wohl seine positive Wirkung bei Ein- und Durchschlafproblemen begründet.

Wissenschaftliche Studien fanden im Pilzextrakt des Ganoderma lucidum Inhaltstoffe, die die Tätigkeit der inneren Herzmuskulatur verbessern, den Blutdurchfluss erhöhen und den Sauerstoffverbrauch der Herzmuskeln verringern können. Daraufhin wurden klinische Studien beim Mensch und Tier durchgeführt, die die positive Wirkung des Ganoderma lucidum auf das Herz- Kreislauf-System bestätigen konnten.

Prof. Dr. Jan Lelley berichtete in seinem Buch

„Die Heilkraft der Pilze" von einer Zusammenfassung der wichtigsten Resultate, die zum Teil in Laboratorien, in Tierexperimenten und mit steigender Tendenz auch in klinischen Studien erzielt wurden.

Diese Zusammenstellung durfte ich an dieser Stelle übernehmen:

Wirkung auf das Immunsystem:
Reduktion der Superoxid-Radikalfreisetzung

Steigerung der Phagozytose Fähigkeit von Zellen des retikuloendothelialen Systems (Bestandteil des Immunsystems)

Steigerung der Aktivität von natürlichen Killerzellen

Induzierung der Vermehrung der T-Lymphozyten

Steigerung der Toxizität der T-Lymphozyten

Wirkung auf das Herz-Kreislauf-System:
Verringerung des Sauerstoffbedarfs des Herzens

Wirkung auf die Leber:
Hemmung der Lipidakkumulation

Förderung der Leberregeneration

Antifibrotische Wirkung bei Leberzirrhose (Hemmung der Einlagerung von Kollagen in der Leber, die oft das Übergangsstadium zur Leberzirrhose bildet).

Wirkung auf den Stoffwechsel:
Verringerung des Glucosespiegels im Blut

Verringerung des Cholesterinspiegels

Antiexsudative Wirkung:
Hemmung der Ausbildung induzierter Ödeme

Die westliche Schulmedizin hat die Ergebnisse dieser Forschungen zum Teil mit der Begründung abgelehnt, sie seien nicht fundiert. Klinische Studien neueren Datums sind hingegen über jeden Zweifel erhaben!

Wirkweise des Reishi aus Sicht der TCM

Energetik:

- Tonisiert, nährt und reguliert Qi und Blut (He, Le, Lu, Mi und Ni)
- Reguliert Wie-Qi
- Beeinflusst den Geist
- Entgiftet die Leber

Anwendung in der TCM:

- Bei altersbedingten Erkrankungen
- Bei Wie-Qi Störungen
- Bei Shen Störungen
- Bei He, Lu und Le Pathologien

Bewährte Anwendungsgebiete in der alternativen Veterinärmedizin:

Stärkung des Immunsystems

Allergietherapie aufgrund Histamin hemmender Eigenschaften

- Herz- Kreislauf-Erkrankungen
- Herzrhythmusstörungen
- Fettstoffwechselstörungen
- Erkrankungen der Leber
- Begleitende Tumortherapie
- FIP (Feline infektiöse Peritonitis = eine durch Coronaviren ausgelöste Infektionskrankheit bei Katzen. Manifestation im Bauchfell der erkrankten Tiere)
- Eosinophiles Granulom (geschwürige Hautveränderung)

Hufrehe

- Regulation des psychovegetativen Nervensystems
- Haut- und Fellerkrankungen

Rheuma

- Wundheilungsstörung
- Hemmung von Bakterien und Viren
- Regulation des Blutbildes (vor allem der Erythrozyten)
- Stressreduktion
- Erhöhung der Konzentrationsfähigkeit
- Fibromyalgie
- Antibakteriell und antiviral

13. Shiitake – Lentinula edodes

Der Shiitake – auch als „König der Speisepilze" bezeichnet – ist wohl einer der bekanntesten und beliebtesten Speisepilze unserer Zeit.

Beheimatet ist der Shiitake in Ostasien. Er bevorzugt Kastanien, Eichen und Buchen als Wirtspflanzen.

In China und Japan wird dieser Pilz seit mehr als 2000 Jahren als Heilmittel und hervorragender Speisepilz geschätzt.

Er besitzt einen sehr hübschen hell- bis dunkelbraunen Hut der einen Durchmesser von bis zu 12cm erreichen kann. Die Lamellen des Shiitake können sowohl weiß als auch hellgelb erscheinen.

Sein Fleisch ist weiß und fest und von einzigartig gutem Geschmack und so wurde bereits vor 1000 Jahren mit dem direkten Anbau dieses Speisepilzes begonnen. Auch im Westen wurde mit der Kultivierung des Shiitake bereits um 1900 begonnen.

Sein Geruch, den er seinem Inhaltsstoff Lenthionin zu verdanken hat, erinnert ein wenig an Knoblauch.

Im Gegensatz zu seinen zahlreichen Kollegen ☺ ist der Shiitake sehr lange haltbar.

Zu seinen Inhaltsstoffen zählen wertvolle Proteine, die einer gesunden Ernährung zuträglich sind.

Er enthält Kalium und Zink, Kohlehydrate und Polysaccharide, ferner die Aminosäuren Leucin und Lysin, sowie Folsäure, Kalium, Calcium, Magnesium, Phosphor, Natrium, Eisen, Kupfer, Mangan und Selen.

Außerdem die Vitamine C, Thiamin, Riboflavin, Niacin, und Panthothensäure. Bemerkenswert ist sein Ergosteringehalt.

Seine drei wichtigsten, durch klinische Studien bestätigten Substanzen sind das Lentinan, das Lentinula-Myzel-Extrakt und das Eritadenin.

Bei Lentinan handelt es sich um ein gereinigtes Polysaccharid mit sehr hohem Molekulargewicht. Lentinula-Myzel-Extrakt ist ein an Protein gebundenes Polysaccharid. Es enthält Nukleinsäure-Abkömmlinge sowie Thiamin, Riboflavin und Ergosterin.

Beide Inhaltsstoffe zeigen durch Immunmodulation eine ausgeprägte antitumorale Wirkung.

Eritadenin ist eine ungesättigte Aminosäure, welcher eine regulierende Wirkung auf die Blutfette zugesprochen wird.

Beim Shiitake wird sowohl der Fruchtkörper als auch das gesamte Myzel verwendet.

Sein Einsatzgebiet in der asiatischen Volksheilkunde reichte von Magenerkrankungen bis hin zu Kopfschmerzen, Schwäche, Verstopfung, Gicht, Hämorrhoiden, Neuralgien und Eiterfluss.

Auch zum Shiitake veröffentlichte Prof. Dr. Jan Lelley, eine Zusammenfassung der, durch Laborexperimente, Tierversuche und klinischen Studien, wissenschaftlich belegten Effekte.

Wirkung auf das Immunsystem:
Erhöhung der Ausbreitung und der Phagozytose-Fähigkeit (Aufnahme- oder Fressfähigkeit) der Makrophagen

Stimulierung der Superoxid-Radikalproduktion der Makrophagen

Erhöhung der Zytotoxizität der natürlichen und der Lymphokin-aktivierten Killerzellen

Erhöhung der Anzahl der T-Zellen

Ermittelte Folgen auf das Immunsystem:
Hemmung des Wachstums bestimmter Tumorarten (z.B. Sarcoma 180)

Verringerung der Verbreitung von Metastasen bei verschiedenen Tumoren

Verlängerung der Lebenserwartung bei Magenkrebs, Mastdarmkrebs, Leberkrebs, Brustkrebs, Prostatakrebs

Wirkung auf den Fettstoffwechsel:
Senkung des Gesamtcholesteringehalts

Umwandlung des VLDL und LDL in HDL und VHDL

Antivirale Wirkung:
Schutz vor Influenzaviren

Auf der Suche nach dem Wirkstoff der für die antitumorale Wirkung in Bezug auf Sarcoma 180 verantwortlich war, hat man sowohl aus dem Fruchtkörper als auch aus dem Myzel des Shiitake das Lentinan isoliert.

So konnte man bestätigen, dass Lentinan durch die Mobilisierung der Killerzellen die körpereigene Immunantwort verstärkt.
Die Hemmung des Tumorwachstums konnte dadurch erreicht werden, dass das Lentinan die Ausschüttung von Zytokinen wie das Interferon, Interleukin und den Tumornekrosefaktor im Blut stimulierte.

Lentinan ist heute in Japan für die Behandlung von Magenkrebs zugelassen!

Sowohl amerikanische als auch japanische Universitäten konnten zusätzlich die positive Wirkung des Shiitake in Bezug auf Erkältungskrankheiten und den Grippevirus Typ A belegen. Verantwortlich hierfür ist die Bildung von Interferon in den Zellen, die die Vermehrung von Grippeviren unterdrückt. Hierbei konnte auch eine Unterdrückung des Herpes simplex Virus belegt werden.

Eine internationale Arbeitsgruppe von Wissenschaftlern aus Dänemark, Deutschland und Australien untersuchte unter anderem die Gründe für die, seit geraumer Zeit bekannte, antibiotische Wirkung des Shiitake.

Sie kultivierten den Shiitake in einer Nährlösung und konnten belegen, dass das Filtrat der Nährlösung die sogenannte Oxalsäure enthielt, welche das Wachstum des Bakteriums Staphylococcus aureus hemmt.

Interessant dürften auch Belege der Universität Tohoku in Sendai (Japan) sein, die zeigten, dass das Lentinan die Entwicklung von Diabetes mellitus in Tierversuchen erfolgreich verhindern konnte.

Bei Verabreichung erhöhte sich die Insulinproduktion, während der Blutcholesteringehalt zeitgleich abnahm.

Ein sehr wichtiger Aspekt des Shiitake ist wohl auch seine regulierende Wirkung bei Gelenkentzündungen, Rheuma und Arthritis, welche gerade in der Veterinärmedizin Beachtung verdient.

Neueste klinische Studien konnten eine Verbesserung der Knochendichte bei Osteoporose Patienten nach mehrwöchigem Verzehr einer Kombination aus Maitake und Shiitake Extrakten bestätigen.

Abschließend soll noch darauf hingewiesen werden, dass es gerade beim Verzehr von Shiitake zu einem „peitschenhiebförmigen Hautauschlag" mit Juckreiz kommen kann. Dies ist nach heutiger Erkenntnis jedoch nur sehr selten der Fall.

Das Zentrum für Naturheilverfahren in Witten konnte durch mehrere Therapeuten feststellen, dass Patienten, die an dem „Shiitake-Hautausschlag" litten zeitgleich einen Darmpilz (Candida) aufwiesen.

Nach Behandlung desselben verschwand die Problematik mit dem Shiitake-Hautausschlag.

Die Wirkweise des Shiitake aus Sicht der TCM

Energetik:

- Stärkt das aufrechte Qi (Zheng Qi)
- Feuchtigkeit und Schleim auflösend
- Wirkung auf Ma, Mi, Lu und Le
- Wirkung auf Wie-Qi und Blut

Anwendung in der TCM:

- Liu Erkrankungen
- Erkrankungen durch Feuchtigkeit und Schleim
- Bluthochdruck
- Erkältungsprophylaxe
- Müdigkeit

Bewährte Anwendungsgebiete in der alternativen Veterinärmedizin:

- Stärkung des Immunsystems bei schlechter Abwehrlage
- (vor allem Welpen, Kitten, Fohlen)
- Arthrose und Arthritis
- Stärkung der Knochen (zusammen mit dem Maitake)
- Arteriosklerose (Arterienverkalkung)
- Fettstoffwechselstörungen
- Leukosen (durch Retroviren hervorgerufene Erkrankung der weißen Blutkörperchen die meist zur Ausbildung von Tumoren führt)
- Lymphome (Lymphknotenschwellungen und Tumore des Lymphatischen Systems die sowohl gut- als auch bösartig sein können)
- Leukämie
- Erkrankungen der Leber
- Erkrankungen der Harnwege
- Blasenentzündung
- Blasentumore
- Bakterielle und virale Infekte
- Erkrankungen des rheumatischen Formenkreises
- Darmfloraaufbau
- Hufrehe
- Begleitende Tumortherapie und Onkologie

VI. Darreichungsform und Dosierung

Vitalpilze zählen in Deutschland zu den sogenannten Nahrungsmittelergänzungen.

Sie kommen als loses Pulver, als Pulver-Kapsel oder als Extrakt-Kapsel sowie Flüssigextrakt zur Anwendung.

Pilzpulver
Eine von Natur aus perfekte Komposition von Wirkstoffen sowie sekundären Inhaltsstoffen stellt das aus dem Fruchtkörper des Pilzes gewonnene Pilzpulver dar.
Die Feinabstimmung aus Aminosäuren, Vitaminen, Mineralien und Spurenelementen regt positiv ausgleichende Prozesse im Organismus an.
Regenerationsprozesse im Gesamtorganismus werden angeregt, sodass sich Pilzpulver insbesondere als ganzheitliche Behandlungsmethode bzw. zur Prävention eignet.

Nachteil: Zahlreiche Wirkkomponenten sind hier nicht bioverfügbar.

Vitalpilzextrakte

Da sowohl der menschliche als auch tierische Organismus nicht in der Lage sind, die Zellwand – bestehend aus Chitin – zu verwerten, können einige, therapeutisch wichtige Wirkstoffe aus dem Pilzpulver nicht hinreichend erschlossen werden.
Durch die Extrahierung gelingt es, diese wichtigen Substanzen in konzentrierter Form zu gewinnen.

Pilzextrakt wird überwiegend in Kapselform, aber auch als Flüssigextrakt angeboten.

Nachteil: Es gehen zahlreiche Komponenten durch das Extraktionsverfahren verloren.

Flüssigextrakt

Flüssigextrakte ermöglichen es, sehr hohe Dosierungen erreichen zu können und sind darüber hinaus auch äußerlich leichter anzuwenden.

Nachteil: Der relativ hohe Preis und die darin enthaltenen E-Nummern.

Full spectrum Pilze = «Whole Life Cycle» Die neue Generation Vitalpilze!

«Whole Life Cycle» kann übersetzt werden mit «ganzer Lebenskreislauf».
Das bedeutet, dass zur Herstellung der Produkte nicht nur der Fruchtkörper oder das Myzel eines Pilzes verarbeitet werden, sondern alle Aspekte des Pilzes inklusive Sporen, Primordien und extrazelluläre Matrix.

Dies entspricht dem natürlichen Lebenskreislauf der Pilze, während dem das ganze Spektrum an Wirkungskomponenten gebildet wird.

Da nun alle wichtigen Inhaltsstoffe ausreichend vorhanden sind, ist eine separate Extraktion nicht mehr nötig, wodurch es zu keinem Verlust an Inhaltsstoffen in Folge des Extraktionsprozesses kommt.

Bei den sogenannten «Whole Life Cycle» Produkten ist es gelungen, schonend bioaktive Vitalpilzprodukte herzustellen. Bei diesen Produkten sind alle essenziellen Wirksubstanzen in hoher Menge vorhanden und gleichzeitig ist die holistische Gesamtwirkung des Pilzes gewährleistet.
Der Anteil an wichtigen Polysacchariden beträgt dabei je nach Ernteergebnis 25% bis 30%, was normalerweise nur durch spezielle Extraktionsverfahren erreicht werden kann.
«Whole Life Cycle» Produkte werden in modernsten Biotech-Anlagen auf festem Substrat kultiviert.

Keine Nachteile bekannt

Pilzschrot

Pilzschrot ist aufgrund seiner sehr groben Konsistenz therapeutisch nicht sinn- und wirkungsvoll und sollte bei unseren Tieren aufgrund der oft sehr schlechten Verträglichkeit in Bezug auf das Verdauungssystem nicht angewandt werden.

GRUNDSÄTZLICHES ZUR ANWENDUNG VON VITALPILZEN BEI TIEREN

Grundsätzlich sollten Vitalpilze immer mit dem Futter verabreicht werden. Die zeitgleiche Gabe verschiedener Vitalpilze ist problemlos möglich. Sollten mehrere Vitalpilze von Nöten sein, müssten diese immer zusammen direkt zu den Mahlzeiten gereicht werden.

Die Wirkung der Vitalpilze wird durch natürliches Vitamin C gefördert. Deshalb empfiehlt sich eine Zufütterung von Hagebuttenpulver bzw. -schrot während der gesamten Behandlungszeit.

Sowohl Cordyceps- als auch Reishi-Extrakte wirken stark anregend. Erfordern spezielle Beschwerdebilder eine Kombination aus Cordyceps-Extrakt und Reishi, sollte der Reishi in solchen Fällen ausschließlich als Pulver eingesetzt werden. (Dieser Hinweis entfällt beim Einsatz von „Whole Life Cycle Pilzen").

Bitte beachten Sie, dass Pferde generell keine höheren Dosierungen als ein erwachsener Mensch benötigen und dass der Cordyceps sinensis bei Pferden unter das Doping-Gesetz fällt!

Entscheidend für den Erfolg der Therapie ist eine individuelle und ganzheitliche Betrachtung des Tieres.

Vitalpilze können bei Hunden, Katzen und Pferden eingesetzt werden, aber auch bei Nutztieren, Nagern, Vögeln, Reptilien und Fischen.

Verzehrempfehlung für Ihre Tier

Die hier angegebenen Dosierungsempfehlungen beruhen auf jahrelanger Erfahrung verschiedener Therapeuten.

Entscheidend sind dennoch die individuellen Bedürfnisse ihres Tieres, abhängig von Tierart, Alter, Rasse, Allgemeinzustand, derzeitigem Beschwerdebild, Vorerkrankungen, bestehender Medikation und psychischer Verfassung.

Die optimale Dosierung kann deshalb nur ein erfahrener Therapeut festlegen.

Folgende Erfahrungswerte können zur Orientierung herangezogen werden:

Dosierempfehlung → keine Kochrezepte

bitte die Tagesdosis auf 2 Mahlzeiten aufteilen → morgens und abends

Tierart:	Gewicht des Tieres	Pulver-Kapseln	Extrakt-Kapseln	Flüssig-extrakte	Full Spectrum Pilze
Hund	- 10 kg	500 mg	300 mg	0,4 ml	1 Kps.
Hund	10-20 kg	1000 mg	600 mg	0,8 ml	2 Kps.
Hund	20-50 kg	1500 mg	1200 mg	1,6 ml	4 Kps.
Katze	-10 kg	500 mg	300 mg	0,4 ml	1 Kps.
Katze	> 10 kg	1000 mg	600 mg	0,8 ml	2 Kps
Pony	- 300 kg - 500 kg	1000 mg 2000 mg	600 mg 1200 mg	0,8 ml 1,6 ml	2 Kps. 4 Kps.
Pferd	500 kg	3000 mg	1800 mg	2,4 ml	6 Kps.
Nager		- 500 mg	-300 mg	0,4 ml	1 Kps.
Vögel		- 250 mg	-150 mg	0,2 ml	½ Kps.

Äußerliche Anwendung

Zur unterstützenden Anwendung bei Wundheilungsstörungen, Mykosen, Warzen, Allergien und auch parasitären Belastungen ist es möglich, die Vitalpilze sowohl innerlich als auch äußerlich anzuwenden.

Zur äußeren Anwendung wird der Inhalt von 10 Vitalpilzkapseln mit 100g Salbengrundstoff (Apotheke) vermischt. Bitte kühl und dunkel lagern.

Bitte beachten!

Zu Beginn der Vitalpilztherapie kann es in einzelnen Fällen zu Blähungen und leichten Durchfällen kommen. Diese regulieren sich in der Regel innerhalb von 3-5 Tagen. Sollte dies nicht der Fall sein, kann die Dosis für ein paar Tage reduziert werden. Der Shiitake sollte aufgrund seines hohen Kaliumgehaltes nicht bei einer bestehend Herz- und/oder Niereninsuffizienz gegeben werden.

VII. Qualitätskriterien

Worauf Sie beim Kauf eines Vitalpilzproduktes achten sollten

Sie möchten Vitalpilze kaufen, um sowohl Ihre als auch die Gesundheit Ihres Tieres zu erhalten bzw. wiederherzustellen. Hier ist es von enormer Wichtigkeit, die richtige Wahl zu treffen, da es mittlerweile eine große Anzahl an Vitalpilzanbietern gibt.

Um beste, hochwertige Biovitalpilzprodukte herstellen zu können, muss großer Wert auf die Bereiche Forschung, Entwicklung und Qualitätssicherung gelegt werden.

Da Pilze Schwermetallsammler sind, die auch Herbizide, Pestizide, Radionukleide und vieles mehr speichern, dürfen Sie sich nicht auf „Kompromisse" einlassen.

Um meine Patienten bestmöglich betreuen zu können, habe ich im Oktober 2018 zusammen mit meiner Tochter Ramona-Marie eine eigene, kleine Vitalpilzfirma eröffnet um meine Patienten stets mit dem höchsten Standard an bio**zertifizierten** Vitalpilzprodukten unterstützen zu können.

VIII. Qualitätsmerkmale

Deshalb sollten Sie Wert auf kontrolliert biologische Produktion legen

Bioqualität garantiert einen ganzheitlich respektvollen Umgang mit der Natur. Der Grundgedanke des biologischen Anbaus ist die Erhaltung einer gesunden Natur und damit das Arbeiten im Einklang mit der Natur. Die Förderung natürlicher Lebensprozesse und Nährstoffkreisläufe sowie lebendiger Ökosysteme, der sorgsame Einsatz von natürlichen Ressourcen und schonende Verarbeitungsverfahren bilden die Basis für ein umfassendes und ganzheitliches Gesundheitsverständnis für Pilze, Tiere, Pflanzen und Menschen.

Bei natürlichen Lebenskreisläufen spielen Vitalpilze eine wichtige Rolle. Dafür werden sie seit Jahrtausenden in der traditionellen Medizin hochgeschätzt. Die biologische Landwirtschaft verzichtet konsequent auf chemisch-synthetische Pestizide und Düngemittel. Auch für die Verarbeitung von Erzeugnissen der Biolandwirtschaft gelten strenge Regeln, die möglichst naturnahe und rückstandsfreie Produkte garantieren.

Da Pilze bei der Verstoffwechselung ihrer Nahrung die Eigenheit haben, darin enthaltene Giftstoffe anzureichern (zum Beispiel Schwermetalle), ist es umso wichtiger, dass die Nährmedien ökologisch unbedenklich und nicht verunreinigt sind. Dafür garantiert der Bioanbau, indem er Richtlinien für die Nährsubstrate vorschreibt. Optimal wäre z.B. Hirse als Nährstoffsubstrat.

Wo Bio draufsteht, ist auch Bio drin.

Dafür sorgt z.B. die Schweizer Bioverordnung mit ihrem engmaschigen staatlich überwachten Kontrollsystem. Die Schweiz ist ein Pionierland im biologischen Anbau und pflegt ein hochstehendes Wissen sowohl im Anbau wie auch in der Kontrolle und Zertifizierung. Seit 1997 ist der Begriff «Bio» durch die Schweizer Bioverordnung staatlich geschützt. Mittlerweile haben sich viele Länder, darunter alle Länder der EU und die Vereinigten Staaten, auf einen einheitlichen Biostandard geeinigt. Wer den Begriff «Bio» in der Schweiz verwendet, muss die Schweizer Bioverordnung einhalten sowie sich einem Kontroll- und Zertifizierungsverfahren unterziehen. Sämtliche Betriebe werden jährlich kontrolliert. Vergehen gegen die Bioverordnung haben rechtliche Folgen.

DNA-Analyse: Kaufen Sie die Katze nicht im Sack.

Wenn Sie Steinpilze sammeln und nicht sicher sind, ob es sich wirklich um Steinpilze handelt, was machen Sie dann? Richtig, Sie lassen die Pilze durch eine Fachperson kontrollieren.

Und was macht Sie sicher, dass in Ihrem Vitalpilzprodukt wirklich die echten Pilze drin sind?

Wenn Sie zum Beispiel Cordyceps kaufen, möchten Sie sicher sein, dass es sich um den authentischen Cordyceps handelt und nicht um einen Abkömmling des ursprünglichen Stamms. Bis heute werden auf dem chinesischen Markt unter der Bezeichnung Cordyceps Produkte verkauft, die leider nichts mit dem Cordyceps sinensis aus Wildsammlung zu tun haben. Ist der Pilz bereits gemahlen und verkapselt, ist die Überprüfung für Konsumentinnen und Konsumenten kaum möglich.

Um ganz sicher zu sein, brauchen Sie eine DNA-Analyse mit staatlicher Verifizierung

Studie: Analysis of Quality and Techniques for Hybridization of Medicinal Fungus Cordyceps sinensis (Berk.) Sacc. (Asomycetes). International Journal of Medicinal Mushrooms, Vol. 6, pp. 151–164 (2004)

Herkömmlicher Pilzanbau versus moderne Pilzkultivierung

Wahrscheinlich kennen Sie die Details über das Kultivieren von Vitalpilzen und dessen Auswirkungen auf die Qualität nicht. Leider gibt es Anbieter, die Sie mit irreführenden Darstellungen zum Kauf ihrer Produkte animieren möchten.
In diesem Abschnitt erläutere ich, wie sich verschiedene Kultivierungsmethoden unterscheiden und wie sich die Kultivierung auf die Qualität der Produkte auswirkt. Das hilft Ihnen, sich Ihre eigene Meinung zu bilden.
Pilze für die medizinische Anwendung wurden sehr lange nur gesammelt. Das Sammeln von Vitalpilzen ist jedoch aufwendig und der Ertrag sehr unsicher. Die steigende Nachfrage ließ sich mit Wildsammlung nicht mehr decken. Deshalb wurde Ende der 1970er Jahre der landwirtschaftliche Anbau bzw. die Kultivierung von Vitalpilzen entwickelt – eine grosse Herausforderung.

In Japan, das als die Geburtsstätte der Kultivierung von Vitalpilzen gelten kann, gelang es 1971 Yukio Naoi von der Kyoto Universität, erstmals Reishi zu kultivieren. 1972 war es dann Prof. Yasui, der erstmals Maitake züchten konnte. Einige Jahre später begann man auch in China mit dem landwirtschaftlichen Pilzanbau. Geerntet wurden lediglich die Fruchtkörper der Vitalpilze.

Durch intensive wissenschaftliche Bemühungen konnten eine Reihe von medizinisch interessanten, bioaktiven Komponenten aus Pilzen identifiziert werden. Darunter chemische Verbindungen aus dem Fruchtkörper, dem Myzel (Pilzgeflecht) und dem extrazellulären Raum (Raum zwischen den Zellmembranen). Um die Produktion dieser wichtigen Substanzen zu optimieren, wurden neue moderne Methoden zur Kultivierung von Vitalpilzen entwickelt, sogenannte Flüssig-Fermentationsprozesse oder Festkörper-Fermentationsprozesse.

Kleiner Exkurs: Wussten Sie, dass das Antibiotikum Penizillin eine solche chemische Verbindung (sekundärer Metabolit) ist, der im extrazellulären Raum vorkommt?

Mit diesen Methoden lassen sich die medizinisch wertvollen Pilzsubstanzen unter optimal kontrollierten Bedingungen gewinnen. Dies erfordert jedoch ein grosses Know-how und eine ausgeklügelte Produktionstechnik, die laufend weiterentwickelt und verbessert wird. Mit der herkömmlichen Produktion von Pilzfruchtkörpern sind die auf Fermentation basierenden Kultivierungsmethoden nicht vergleichbar.

Heute werden in China, Japan und den USA immer häufiger Vitalpilzprodukte mit neuen Methoden kultiviert. Cordyceps sinensis wird in China in flüssigem Medium als Myzel produziert. Diese Nährflüssigkeit ist als CS4-Extrakt bekannt. Andere Pilze, z.B. Polyporus umbellatus, werden ebenfalls häufig im Flüssig-Fermentationsprozess hergestellt.
Wenn Sie ein Vitalpilzprodukt kaufen, fragen Sie beim Anbieter nach, ob es sich um ein Fruchtkörperprodukt handelt oder ob das Produkt durch den Flüssig- beziehungsweise Festkörper-Fermentationsprozess hergestellt wurde.

Studien haben gezeigt, dass bei einem ungenügenden Flüssig- oder Festkörper-Fermentationsprozess der Vitalpilz nur einen geringeren Anteil an pilztypischen Polysacchariden entwickeln kann. Die Herstellung dieser Produkte geht schnell und ist billig. Für die Kundschaft sind sie aber minderwertig, da sie zu wenig der gesundheitlich relevanten Inhaltsstoffe enthalten. *https://www.nature.com/articles/s41598-017-06336-3*

Sie können die Qualität von Produkten aus Flüssig- und Festkörper-Fermentationsprozessen in Bezug auf die Polysaccharid-Anteile nachprüfen. Verlangen Sie von Ihrem Anbieter ein Analyse-Zertifikat mit den folgenden Angaben:

1. Anteil der Polysaccharide, die nicht vom Pilz stammen, aus der Klasse der Alpha-Glucane. Dieser Anteil soll höchstens 5% betragen. Ein höherer Anteil verweist auf mangelnde Fermentationsprozesse.

2. Anteil der Polysaccharide, die vom Pilz stammen, aus der Klasse der 1,3/1,6-Beta-D-Glucane. Dieser Anteil soll mindestens 20% betragen. Ein tieferer Anteil dieser gesundheitsfördernden Polysaccharide ist unzureichend.

Eine neue, noch fortgeschrittenere Art, Vitalpilze zu kultivieren, basiert auf einer Weiterentwicklung des Festkörper-Fermentationsprozesses.

In patentierten Wachstumskammern wird für jeden Pilz dessen typische natürliche Umgebung geschaffen. Durch ausgeklügelte Führung der Wachstumsparameter (Feuchtigkeit, pH-Wert des Nährsubstrats, Temperatur, Lichteinfluss u.a.) und eine pilzspezifische Stimulationsmethodik wird die Zusammensetzung der pilztypischen Inhaltsstoffe optimiert. Mit dieser Methodik ist es gelungen, die bloße Fruchtkörperproduktion weiterzuentwickeln.

Neu sind die Inhaltsstoffe aus dem Pilzmyzel und dem extrazellulären Raum zusammen mit dem Fruchtkörper kombiniert. So lässt sich das volle Spektrum aller Wirkstoffe aus dem ganzen Pilz und seinem vollen Lebenszyklus in hoher Konzentration erzeugen. Man kann diese moderne Form der Vitalpilzkultivierung als biotechnologischen Durchbruch bezeichnen.

Neue wissenschaftliche Erkenntnisse zeigen, dass das volle Spektrum des Pilzes medizinisch sehr wertvoll ist. Bedenkt man, dass die Inhaltsstoffe – Vitamine, Mineralstoffe, Spurenelemente pilzspezifische Polysaccharide und andere Wirkstoffe – in verschiedenen Teilen des Pilzes gespeichert sind, ist das ein logischer Befund. In der Welt der Heilpflanzen ist dies bereits bekannt; auch hier sind die medizinisch wertvollen Substanzen auf Pflanzenteile wie Wurzeln, Blätter, Blüte und Früchte verteilt.

Geschichtliche Entwicklung der Vitalpilzkultivierung

- **Wildsammlung:** Seit Menschengedenken wurden in allen Kulturen Pilze (Fruchtkörper) gesammelt und zu medizinischen Zwecken genutzt.
- Stockschlagtechnik (Shiitake) Einfache Technik, um in der Natur das Pilzwachstum anzuregen (ca. 12. Jahrhundert in China).
- **Anbau im Feld:** Kultivierung von Champignons (ca. 17 Jahrhundert in Frankreich)
- Erste Kultivierung von Vitalpilz-Fruchtkörpern nach wissenschaftlichen Aspekten (ab 1971 in Japan)
- **Biotechnologische Produktion, Stufe 1:** Kultivierung mit Flüssig- und Festkörper-Fermentationsprozessen (ab 1980 in Japan, China, USA)
- **Biotechnologische Produktion, Stufe 2:** Kultivierung und Nutzung des vollen Spektrums von Vitalpilzen (Fruchtkörper, Myzel und extrazelluläre Verbindungen) mit Festkörper-Fermentationsprozess in patentierten, naturgetreuen Wachstumsanlagen (ab 2000 in den USA).

Ausführliche Informationen zur Kultivierung von Vitalpilzen finden Sie auf der Website der Gesellschaft für Vitalpilzkunde Schweiz:

www.gfvs.ch → Vitalpilze → Vitalpilz Produkte

IX. Pilzpulver, Extrakt oder Mischung?

Sie kennen das wahrscheinlich: Sie möchten ein Vitalpilzprodukt kaufen und müssen sich entscheiden zwischen einem Pulver, einem Extrakt oder einer Pulver-Extrakt-Mischung. Sie sind aber nicht sicher, welches Produkt für Sie am besten ist. Im Folgenden versuchen wir zu erklären, worauf Sie achten müssen.

Vitalpilzkapseln können mit Extrakten gefüllt sein oder auch mit vermahlenen getrockneten Pilzen. Worin unterscheiden sich vermahlene Pilze von Extrakten?

Werden Fruchtkörper oder kultivierte Myzelien nach der Trocknung vermahlen, entsteht daraus ein Pulver, das man ohne weitere Verarbeitung verkapseln kann. Es wird in der Regel als Pilzpulver bezeichnet.

Als Extrakt hingegen bezeichnet man den Auszug eines Pilzpulvers im Sinne eines Dekokts oder Tees. Für diesen Auszug verwendet man im Fall der Vitalpilze eine Kombination aus Heisswasser und Alkohol.

Darin wird das Pilzmaterial für eine bestimmte Zeit eingelegt, um die wichtigen Inhaltsstoffe «[her]auszuziehen», zu extrahieren. Der Auszug wird dann erneut getrocknet und pulverisiert. So erhält man ein «pulverisiertes Extrakt», das ebenfalls verkapselt werden kann. Im Extraktionsverfahren gehen zwar kleine Anteile einiger Inhaltsstoffe verloren, die wichtigen Stoffe wie die 1,3/1,6-Beta-D-Glucane aber werden verdichtet und je nach Prozess auf 25% bis 30% und mehr angereichert.

Extrakte und Rohpilzpulver haben unterschiedliche Wirkungsspektren. Je nachdem, welchen Effekt Sie wünschen, wählen Sie das Pulver oder den Extrakt.

Spezialisierte Therapeuten, Ärztinnen oder die Gesellschaft für Vitalpilzkunde Schweiz können Sie dazu beraten. Sind Sie nicht sicher, können Sie auch eine Pulver-Extrakt-Mischung wählen.

Sie haben also grundsätzlich sechs Wahlmöglichkeiten:

- nicht extrahiertes Pilzpulver aus dem Fruchtkörper
- nicht extrahiertes Pilzpulver aus dem Myzel
- nicht extrahiertes Pilzpulver aus dem Fruchtkörper und dem Myzel
- Extrakt aus dem Fruchtkörper
- Extrakt aus dem Myzel
- Extrakt aus dem Fruchtkörper und dem Myzel.

Zudem lassen sich die Pilzpulver und Extrakte mischen, und dies zu unterschiedlichen Anteilen. Die Wahl scheint reichlich kompliziert.

Mit den neuen «Whole Life Cycle Produkten» wird alles viel einfacher:

Durch neuere wissenschaftliche Untersuchungen erkannte man die Komplexität des Pilzreiches und seiner Zusammenhänge. Man entdeckte viele neue Inhaltsstoffe wie Enzyme, sekundäre Metaboliten, antibiotische und antivirale Substanzen. Man fand diese Stoffe nicht nur im Fruchtkörper oder Myzel, sondern auch ganz häufig im extrazellulären Raum.

Über diese Zusammenhänge wusste man früher nicht viel. Zudem fehlten Kultivierungsmethoden, die es ermöglichten, das gesamte Spektrum der Inhaltsstoffe zu nutzen. So war man lange Zeit auf die Verwendung des Fruchtkörpers beschränkt.

Wie bereits erläutert, wird bei der fortschrittlichsten Kultivierungsmethode das volle Spektrum des Pilzes verwendet und verarbeitet. Es besteht aus dem Fruchtkörper **und** dem Myzel **und** den wertvollen extrazellulären Substanzen. Da bei der modernen

Kultivierungsmethode das volle Pilzspektrum genutzt wird und zugleich die Kultivierungsparameter in allen Bereichen optimal geführt werden, ist das ganze Spektrum der Inhaltsstoffe optimal angereichert. Ein separater Extraktionsprozess ist nicht nötig.

Wir haben also drei Unterschiede zu herkömmlichen Produkten:

1. Whole Life Cycle Produkte bestehen aus dem vollen Spektrum des Pilzes. Alle Inhaltsstoffe sind durch die Kultivierungsprozesse optimiert enthalten. Das ermöglicht eine ganzheitliche Wirkung.
2. Pilzspezifische Polysaccharide sind gleich hoch wie bei einem Extrakt.
3. Bei diesen Vitalpilzen müssen Sie nicht länger überlegen, ob Sie es als Pulver, als Extrakt, Myzel oder Fruchtkörper oder beides oder als Mischung nehmen sollen.

Der ganze Pilz, der ganze Lebenszyklus des Pilzes

Qualitätskriterien unserer Vitalpilze im Überblick

- Biozertifiziert durch Zertifizierungsstelle nach den staatlichen Richtlinien der Schweiz, der EU und der USA
- Frei von Verunreinigungen, garantiert durch Laboranalytik und Zertifikat des Rohstoffherstellers
- Authentische Pilzstämme, verifiziert mit DNA-Test
- Biozertifizierte Kultivierung (nicht in China), nach den neuesten naturwissenschaftlichen Erkenntnissen
- Analytisch nachgewiesene, hohe Anreicherung von bioaktiven Inhaltsstoffen für die optimale Anwendung in der Praxis
- Verwendung des vollen Pilzspektrums (alle Lebenszyklen des Pilzes)
- Sorgfältig verkapselt und verpackt (kein Plastik), umweltfreundlich und gut geschützt

X. Was bedeutet „Bio" oder „nach biologischen Richtlinien hergestellt" für Vitalpilze?

Bioqualität garantiert für einen ganzheitlich respektvollen Umgang mit der Natur.

Ein Betrieb, der nach biologischen Richtlinien produziert, darf dies nur ausloben und seine Produkte als «Bio» bezeichnen, wenn er sich einem Kontroll- und Zertifizierungsverfahren unterzogen hat. Damit ist garantiert, dass der Betrieb sich im Minimum an die jeweiligen staatlichen Biorichtlinien hält.

In der Schweiz sind diese in der Bioverordnung festgehalten. Die biologische Landwirtschaft verzichtet konsequent auf chemisch-synthetische Fungizide, Pestizide und Düngemittel

Wie wichtig ist biologischer Anbau?

Pilze nehmen von ihrer Umgebung Schwermetalle, Pestizide und Radioaktivität auf und reichern diese an.

Diese Stoffe belasten die Umwelt und unseren Körper.

In biozertifizierten Betrieben steht das Arbeiten im Einklang mit der Natur im Vordergrund.

In allen Bereichen der Produktion wird konsequent auf Umweltverträglichkeit und Nachhaltigkeit geachtet. In der Folge sind die Produkte deutlich weniger Umweltbelastungen ausgesetzt.

Können Biozertifikate leicht gefälscht werden?

Ein Biozertifikat zu fälschen ist ein Delikt, das rechtlich verfolgt wird. Regelmässige Biokontrollen durch erfahrene Kontrollorganisationen sorgen dafür, dass die Biorichtlinien eingehalten werden.

Der Gesetzgeber ahndet Verstöße gegen die Bioverordnung («Verordnung über die biologische Landwirtschaft und die Kennzeichnung biologisch produzierter Erzeugnisse und Lebensmittel») mit Strafe.

XI. FAQ – häufig gestellte Fragen

Lassen alle Vitalpilzanbieter DNA-Analysen machen?

Eine DNA-Analyse ist vom Gesetz her noch nicht vorgeschrieben. Ist eine DNA-Analyse gemacht worden, spiegelt dies die Seriosität einer Firma und Sie können sicher sein, dass der Hersteller ausschliesslich authentische, ursprüngliche Pilzstämme verwendet hat und keine Abkömmlinge der ursprünglichen Stämme.

Sind Vitalpilzprodukte aus dem Fruchtkörper weniger gut?

Vitalpilzprodukte aus dem Fruchtkörper waren lange Zeit das einzige, was der Mensch nutzen konnte. In der Zwischenzeit haben sich die Kultivierungsmethoden weiterentwickelt und es stehen heute Produkte zur Verfügung, die hinsichtlich ihrer Inhaltsstoffe umfassender und ganzheitlicher sind als reine Fruchtkörperprodukte aus Wildsammlung oder Feldanbau.

Es wird auch Kritik geäußert, dass Produkte der fortschrittlichsten Generation schlechte Qualität haben. Stimmt das?

Dies kann bei unseriösen Herstellern zutreffen. Ziel der modernen Kultivierung ist jedoch eine Optimierung der Qualität und der Verfügbarkeit von Vitalpilzen. Eine professionelle und sorgfältige biozertifizierte Produktion garantiert die einwandfreie Qualität und ökologische Güte der Produkte. Unabhängig davon, ob es sich um ein Produkt der fortschrittlichsten Generation handelt oder um einen landwirtschaftlich produzierten Fruchtkörper: In erster Linie entscheidet die Seriosität des Anbieters. Wir empfehlen Ihnen, im Zweifelsfall das Gütesiegel der Biozertifizierung zu beachten oder ein Analyse-Zertifikat zu verlangen.

Wirkt ein Extrakt besser als ein «Whole Life Cycle»-Produkt?

Nein. Der Begriff Extrakt weist lediglich darauf hin, dass ein Vitalpilzprodukt einem weiteren Verarbeitungsschritt unterzogen wurde, mit dem Ziel, gewisse Inhaltsstoffe anzureichern. Wichtig sind dabei die pilzspezifischen Inhaltsstoffe der Gruppe 1,3/1,6-Beta-D-Glucane.

Für die «Whole Life Cycle»-Produkte konnte der Gehalt dieser wichtigen Stoffgruppe aufgrund des ausgeklügelten Kultivierungsverfahren und der Verwendung des vollen Pilzspektrums, das aus Fruchtkörper und Myzel und extrazellulären Verbindungen besteht, auf durchschnittlich 22–33% erhöht werden. Ein zusätzlicher Extraktionsprozess ist nicht nötig. Die «Whole Life Cycle»-Produkte zeichnen sich durch hohe Bioaktivität und Ganzheitlichkeit aus. *Study: Effects of Heat Treatment on the Structural Characteristics and Antitumor Activity of Polysaccharides from Grifola frondosa Springer June 2019, Volume 188, Issue 2, pp 481–490*

Warum sind die Produkte im Glas besser?

Das spezielle UV-Schutzglas bewahrt die Qualität der Vitalpilze. Es ist recycelbar und trägt zum Umweltschutz bei.
Das wichtigste Kriterium ist jedoch, dass Plastikbestandteile nicht in den Pilz übergehen können.

XII. Nebenwirkungen und Kontraindikationen

Bei der Ersteinnahme von Vitalpilzen kann es zu einer sogenannten „Erstverschlimmerung" oder einer kurzzeitigen Verstärkung der bereits bestehenden Beschwerden kommen.
Blähungen und leichte Durchfälle sind in den ersten 3-5 Einnahmetagen möglich, jedoch sehr selten.
Leichte Hautirritationen und vermehrtes Wasserlassen deuten auf eine bereits beginnende Entgiftung des Organismus hin und sind somit auch in gewisser Weise erwünscht.
Zu den Kontraindikationen des Shiitake gehört das Vorliegen einer Herz- und/oder Niereninsuffizienz des jeweiligen Patienten. Da gerade der Shiitake einen sehr hohen Gehalt an Kalium aufweist, sollte dieser Pilz nicht bei Vorliegen oben genannter Erkrankungen eingesetzt werden.

Fragen Sie diesbezüglich den Therapeuten Ihres Tieres.

Generell gilt jedoch bei Vorliegen von Nebenwirkungen die Herabsetzung der Dosierung und langsamen Anstieg derselben nach Besserung der vorhandenen Symptome.
Achten Sie bitte darauf, dass bei zeitgleicher Gabe von Enzympräparaten eine 2-stündige Zeitversetzung zu der Einnahme von Vitalpilzpräparaten eingehalten werden sollte.
Die in diesem Buch vorgestellten Vitalpilze zählen zu den Nahrungsmittelergänzungen. So gibt es bei zeitgleicher Einnahme von Medikamenten oder anderen, alternativen Naturheilmitteln keinerlei Bedenken.

Eine mögliche Ausnahme bildet die Therapie mit sogenannten Immunsuppressiva. Da die Mykotherapie immunmodulativ auf den Organismus wirkt, sollte vor einer zeitgleichen Gabe von Vitalpilzen durch ein Labor abgeklärt werden, ob und mit welchen Pilzen in diesem Fall unterstützend therapiert werden kann und darf.

Wenn man vor Einsatz der möglichen Pilze das zelluläre Immunsystem prüft (NK-Funktionstest, Macrophagenaktivierung, TH1/TH2-Balance) kann man die Wirkung des Pilzes validieren.

Ihr Ansprechpartner für solche Testungen ist Frau Dr. Penz. (Labor Dr. Tiller).
Labor Dr. Tiller und Kollegen
Abteilung Immunologie 1
Bayerstraße 53
80335 München
Tel. 089 54308-0

Eine Überdosierung der in diesem Buch genannten Pilze ist in der Regel nicht möglich.
Sowohl bei Pilzpulver als auch bei Pilzextrakten ist die Gabe von sehr hohen Dosen möglich, nach heutigem Wissen jedoch nicht nötig.
Eine Vitalpilztherapie ist jederzeit in Eigentherapie möglich, jedoch nicht empfehlenswert, da man seinen „Patienten" immer als „Ganzheit" ansehen muss und über die bestehenden Beschwerden und Erkrankungen Bescheid wissen sollte.
Umso mehr ist es gut zu wissen, dass mittlerweile eine beträchtliche Anzahl an Tierheilpraktikern und auch Tierärzten mykotherapeutisch tätig ist und sowohl Sie als auch Ihren Liebling bei der Auswahl der passenden Pilze unterstützen kann.

XIII. Begleitende Therapiemöglichkeiten

Wie bereits im letzten Kapitel beschrieben, handelt es sich bei den hier vorgestellten Vitalpilzen um „Lebensmittel". Es ist daher jederzeit möglich, die Mykotherapie mit anderen Therapieformen zu kombinieren.

- Hierzu zählen unter anderem:
- Homöopathie
- Phytotherapie
- Allopathie
- Enzymtherapie (bei 2-stündiger Zeitversetzung)
- Misteltherapie
- Vitamin-C-Hochdosistherapie
- Organtherapie
- Blutegeltherapie (Ausnahme Auricularia bezüglich der Blutverdünnung)
- Vitamin- und Mineralstofftherapie
- Nahrungsergänzungsmittel
- Bioresonanztherapie
- Physiotherapie – Dorntherapie
- Begleitende Tumortherapie

XIV. Fallbeispiele aus der Praxis

Paul – Fallbeispiel aus der Tierheilpraktikerpraxis Silke Huber-Röhring, Hamburg. Vielen Dank hierfür, liebe Silke!

Der neunjährige, aus Ungarn stammende Herdenschutz-Mischlingsrüde Paul litt angeblich unter einer Schilddrüsenunterfunktion, als er 2010 zu mir in die Praxis kam. Er erhielt deshalb seit einiger Zeit Hormone.

Da aber nachweislich keine Unterfunktion bestand, wurde Paul durch die Gabe von Forthyron in eine Überfunktion befördert und es entwickelten sich im Laufe der Behandlung massiv schlechte Leberwerte.

Paul war von seiner Besitzerin das erste Mal 2007 wegen Schmerzen im Bewegungsapparat und rezidivierender Ohrenentzündungen beim Tierarzt vorgestellt worden. Es wurde ein großes Blutbild erstellt und in diesem Zug eine Schilddrüsenunterfunktion diagnostiziert.

Da mir alle Blutwerte von 2007 bis 2010 vorliegen, konnte ich ganz klar sehen, dass die Werte zu Beginn völlig im Rahmen waren (2007: 1,6 µg/dl; 2008 bereits unter Forthyron: 4,3 µg/dl; 2009: 5,5 µg/dl; 2010: 8,7 µg/dl; Normalwert = 1.0–4.7 µg/dl). Trotz dieser Entwicklung blieb der TA bei der Aussage einer Hypothyreose.

Ab 2009 waren dann auch die Leberwerte nicht mehr im Normbereich (Januar 2009: 146,7 U/l; August 2009: 215,3 U/l; Juli 2010: 466,1 U/l; Normalwert = 5–125 U/l).

Außerdem stieg ab 2010 die alkalische Phosphatase auf 323 U/l (Norm = < 81 U/l), die Gamma-GT auf 11 U/l (Norm = < 6 U/l) und die GLDH auf 22,24 U/l (Norm = < 9 U/l). Der TA diagnostizierte allerdings auch eine Spondylose und eine Gelenkabnutzung im Hüftbereich durch die bekannte Fehlstellung der Hinterbeine.

Paul kam bereits mit dieser – zu steilen – Stellung beider Hinterbeine aus Ungarn zu seiner heutigen Besitzerin. Er wurde im Akutfall jeweils mit Rimadyl behandelt.

Die Tierhalterin stellte Paul in den letzten drei Jahren immer wieder in meiner Praxis vor, da sich zum einen eine negative Stimmungsänderung bei ihm bemerkbar machte – Paul reagierte oft gereizt – und seine Besitzerin zum anderen eine Alternative für die dauerhafte Rimadylgabe mit den daraus resultierenden schlechten Leberwerten suchte.

Im September 2010 begann ich Pauls Therapie – parallel zur Schmerztherapie des neuen Tierarztes. Ab dann wurde in Rücksprache mit ihm die bisherige Forthyrongabe über circa vier Wochen ausgeschlichen.

Ab Oktober wurde auch der Vitalpilz Cordyceps eingesetzt.

Neben Physiotherapie für den Bewegungsapparat bekam Paul Glandula thyreoiditis injeel zweimal pro Woche in Absprache mit dem neuen Tierarzt, sowie eine Lebertherapie mit Mariendistel und Cordyceps. Anfangs täglich eine halbe Kapsel, dann eine, danach für zwei Wochen zwei Kapseln täglich. Zum jetzigen Zeitpunkt bekommt Paul immer noch täglich eine Kapsel Cordyceps.

Anfang November 2010 wurden die Blutwerte erneut kontrolliert, wodurch eine deutliche Besserung der Leberwerte festgestellt werden konnte. Das Beste war aber, dass auch nach der letzten Kontrolle Ende Januar 2011, die Schilddrüsenwerte wieder in der Norm waren.

Die erste Veränderung hatte man bei Paul bereits nach rund zwei Wochen Cordycepsgabe feststellen können. Er verfügte ab diesem Zeitpunkt wieder über eine deutlich bessere Beweglichkeit, war fitter, ausgelassener und wieder fröhlich.

Brief von Familie Lohse aus Karlsruhe mit Herzlichen Dank!

Leonberger-Retriever-Mischling „Benny" mit Diagnose Leberkrebs

„Tut uns leid, ihr Hund hat schwer Leberkrebs. Wie sie auf dem Ultraschallbild sehen können, sind bereits circa 70% der Leber vom Tumor zerfressen. Gehen

Sie mal von noch sechs Monaten plus minus zwei Monaten aus."

Benny ist unser Großer. Er ist ein 8-jähriger Leonberger-Retriever-Mischling, der heute mit den

anderen Hundekumpels wie ein besengter Irrer über das Feld rennt.

Eigentlich ist er aber schwerkrank und dem Tode näher als dem Leben, wenn wir die Vitalpilze und Frau Scharl nicht gefunden hätten.

Wir kontaktierten Sie über die Homepage der Gesellschaft für Vitalpilze, wo sie als kostenfreier Kontakt als Tierheilpraktikerin genannt ist.

Dort schilderte ich kurz die obige Diagnose und

dass wir völlig verzweifelt sind und einen Weg suchten, um Benny nicht zu sehr leiden zu lassen. Benny schaffte

kaum die 300 Meter zum Waldrand und zurück.

Er nahm nicht mehr am Familienleben teil und lag den ganzen Tag tief schlafend in seinem Korb.

Der Tierarzt hatte uns nur noch gesagt, an welchen Anzeichen wir Schmerzen und Verschlechterungen erkennen können.

Zwei Tage nach meinem Kontakt zu Frau Scharl kam ihre Antwort per Email mit einer kurzen „Medikation" der Pilze. Wir fanden auf der Homepage Lieferanten

und Preise für die Vitalpilze und bestellten eine Menge für einen Monat.

Prompt wurde geliefert und wir begannen, Benny die Pilze in Pulver- und Kapselform mit unter das Futter zu mischen.

Nach nur drei Tagen (!) lag Benny beim Familienessen wieder neben dem Tisch, wie früher.

Wenn eine Tüte in der Küche raschelte, stand er hinter mir und auf das Schlüsselklappern vorm Spaziergang wartete er gar nicht erst, denn er stand schon neben der Tür.

Da war er wieder ... im Leben. Jeden Tag eroberte er sich wieder ein Stück mehr davon.

Mit jedem Tag ging es ihm besser und besser. Es war unglaublich. Wir sind das Gespräch der Hundewiese, denn alle anderen Hundebesitzer haben es miterlebt, wie es ihm jeden Tag besser ging.

Wer ihn nicht kennt, schätzt sein Alter auf

circa 3 Jahre ein, weil er wie ein junger Hüpfer durch die Gegend springt.

Wir wissen nicht, was mit dem Krebs ist. Ist er noch da? Ist er weg? Keine Ahnung.

Vor dem Tod an sich können wir ihn nicht bewahren und wenn er laut Aussagen des Tierarztes in spätestens drei Monaten tot umfallen sollte, hat er wenigstens eine richtig gute Zeit gehabt und eine hohe Lebensqualität. Aber so wie der rennt, müssen wir den erst einmal einfangen gehen....

Letzte Woche habe ich wieder Pilze bestellt, die für 4 Monate reichen werden.

Wir sind also mehr als optimistisch, denn Bennys Gesundheitszustand ist konstant gut.

Frau Scharl können wir an dieser Stelle nur von Herzen danken für ihre schnelle und unkomplizierte aber 100%ig treffende Hilfe. Ihr umfangreiches

Wissen über die Vitalpilze konnte Benny ohne Zeit zu vergeuden und groß „herumzudoktern" zügig helfen.

Haben Sie vielen Dank, Frau Scharl.

Viele Grüße
Familie Lohse, Karlsruhe
PS: Und wer es nicht glaubt, darf uns gern anrufen!

Praxisfall Diego, Deutscher Schäferhund aus Siegenburg, Bayern

Diego's Besitzer kontaktierten mich zum ersten Mal im Frühjahr 2012 in meiner Praxis.

Bereits seit einem Jahr litt Diego an unerträglichem Juckreiz.

Sein Fell wies am ersten Untersuchungstag massive kahle, blutige, schorfige Stellen auf. Seine Pfoten waren ödematös aufgequollen und rissig.

Sowohl Kopf, Rumpf und Rute wiesen kahle, blutige Stellen auf und Diego's Haut musste durch das Tragen eines T-Shirt's geschützt werden.

Seine Besitzer erzählten mir, dass sie Diego von der Tierhilfe bekommen haben und er aus Spanien sei. Dort wurde er wohl vom damaligen Hochwasser angeschwemmt.

Die spanischen Tierärzte hatten versichert, dass er frei von „südländischen Krankheiten" sei, woraufhin sich der damalige, behandelnde Tierarzt nicht weiter um Abklärung in diesem Bereich bemüht hatte.

Diego wurde laut Aussagen seiner Besitzer nun schon seit einem Jahr (!) abwechselnd mit Antibiotika und Cortison behandelt. Dies ohne jeglichen Erfolg.

So kam es nach einem Jahr erfolgloser und unerträglicher Behandlungszeit für Diego und seine Besitzer zum ersten Termin in meiner Praxis.

Zunächst einmal führte ich eine vorsichtige Entgiftung und Darmsanierung bei Diego vor. 1 Jahr Antibiotika und Cortison gingen natürlich nicht spurlos vorüber.

Mittels Bioresonanzanalyse konnte rasch festgestellt werden, dass Diego an Leishmanniose litt, entgegen der Aussagen des Tierschutzvereines und der spanischen Tierärzte. Seine Leber- und Nierenwerte wiesen aufgrund der langen Antibiotikatherapie bereits massive Defizite auf.

Diego's Behandlung bestand aus einer Kombination aus Entgiftungs- und Bioresonanztherapie, einer Unterstützung und Stärkung von Leber und Niere und nicht zuletzt aus einer Behandlung mit den Vitalpilzen.

Cordyceps und Coriolus wurden bezüglich der Leishmanien von mir eingesetzt und der ABM um auch sein Immunsystem wieder stärken zu können.

Aufgrund seines damaligen, bedrohlichen Gesundheitszustandes und der langen erfolglosen Therapie, dauerte auch die Behandlung in meiner Praxis fast ein Jahr, bis wir Diego wieder weitestgehend „hergestellt" hatten.

Diego im Frühjahr 2012:

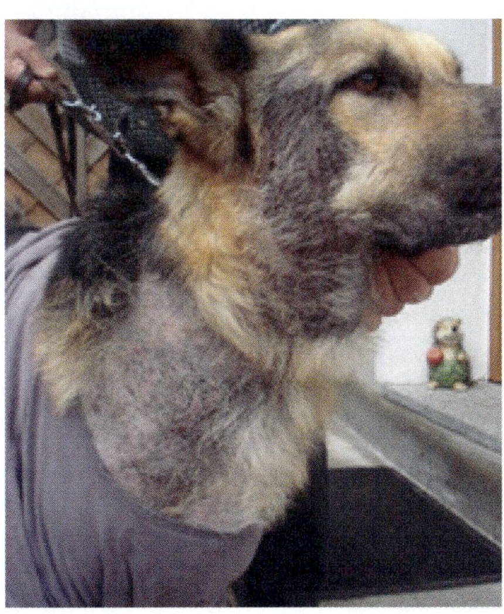

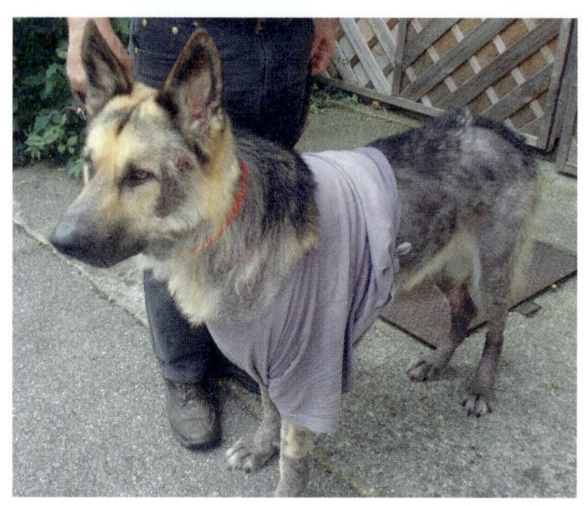

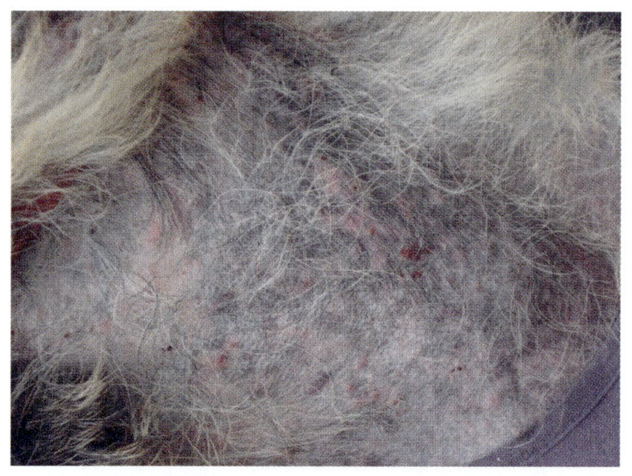

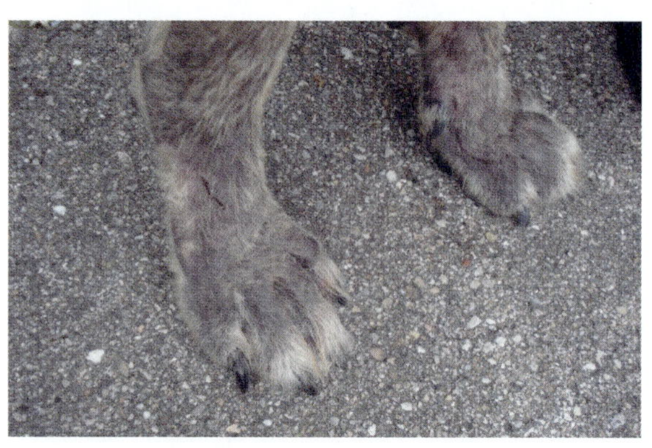

Diego während der Behandlung nach einem halben Jahr

Diego im Frühjahr 2013

XV. Erfahrungsberichte

Deutscher Schäferhund mit Analfisteln

Mein Deutscher Schäferhund (3,5 Jahre) leidet seit Anfang 2009 unter einer Autoimmunerkrankung, die sich durch Afterfisteln (3cm lang, 2cm tief) bemerkbar machte.

Im August 2009 bekam er 4 Wochen Chemo mit Atopica. Es wurde besser, aber nach Absetzen der Chemo war die Afterfistel wieder da. Im Dezember wurde er operiert und das kranke Gewebe komplett entfernt. Danach bekam er 2 x tägl. Azatioprintabletten und Protopiksalbe.

Nach Entfernen der Klammern war noch ein kleiner Riss vorhanden. Im Juli behandelte ich ihn mit Globuli (Salpetersäure), wodurch der Riss kleiner wurde.

Seit August 2010 bekommt er ABM und Hericium Pilze und innerhalb von 14 Tagen schloss sich der kleine Riss.
Seit 18. August bekommt mein Hund keine Medikamente mehr, nur noch die Pilze.

Seitdem geht es ihm super gut und er ist richtig lebensfroh ohne Schmerzen.

Ich bin froh, dass ich die Infoproschüre über die Pilze bei meinem Heilpraktiker gesehen habe.

Erfolgsberichte aus der Tierpraxis zum Einsatz des Vitalpilzes Cordyceps

Ein weiteres schönes Beispiel/Bestätigung und auch ein weiterer Punkt für Ihr Erfolgskonto ist unser kleiner Tibetterrier „Beau".

Er hatte ja das Problem bzgl. Der Schilddrüsenunterfunktion und da ich ihm keine Tabletten (Chemie) geben wollte, bat ich Sie um Rat. Sie schrieben, ich solle es mit einer ½ Kapsel Cordyceps versuchen. UND ES HAT SEHR GUT GEKLAPPT!!!!!!!!!!!

Heute Morgen habe ich den Tierarzt angerufen, um die Resultate der Kontrollanalyse zu erfahren und was sagt der Tierarzt am Telefon....... Frau ...., Beaus Schilddrüsen-Werte sind jetzt super, der Kleine ist gut eingestellt. Weiter so!

Dabei habe ich ihm kein einziges Mal eine von den Schilddrüsen-Tabletten gegeben, die ich ihm verabreichen sollte. Lediglich Ihrer Empfehlung folgend habe ich bei Beau seit ca. 2 Monaten einmal täglich eine ½ Kapsel Cordyceps eingesetzt.

SUPER, wir sind wirklich froh und glücklich, dass der Kleine keine Chemie nehmen muss.

UND EIN WEITERER ERFOLG AUF IHR KONTO!

Fibrosarkom

Hallo,

bei Ruda wurde im Oktober 2011 am Oberschenkel ein schon recht großes Fibrosarkom festgestellt. Es ist innerhalb von wenigen Wochen gewachsen. Eine Operation wäre laut Tierklinik nur mit anschließender Bestrahlung oder gleich Amputation des Beines bis zur Hüfte sinnvoll gewesen.

Da Ruda aber schon fast 12 Jahre ist, haben wir uns dagegen entschieden, was auch unsere Tierärztin unterstützt hat. Wir haben gemeinsam nach Alternativen gesucht, um ihr noch eine schöne, schmerzfreie Zeit zu ermöglichen.

So sind wir auf die Behandlung mit Vitalpilzen gestoßen.

Nach einer Beratung bekommt Ruda seit Ende Dezember 2011 Agaricus und Reishi.

Ruda geht es sehr gut. Der Tumor ist nicht gewachsen, er ist eher etwas kleiner geworden und weicher. Auch ihr Allgemeinzustand ist für ihr Alter sehr gut.

Herpes-Infektion bei Kater

Hallo Frau Scharl,

ich möchte mich ganz herzlich bei Ihnen für Ihre hilfreichen Vitalpilz-Therapie-Empfehlungen bedanken.

Mein wilder Kater hat ohne jegliche Augensalben, nur mithilfe der Vitalpilze seine schwere Herpes-Augeninfektion schadlos überstanden und läuft nun wieder glücklich über die Wiesen an unserem Hof.

Labrador Pacco mit Diagnose Milztumor

Am 08.11.2007 ging es meinem Labrador Pacco (8,5 Jahre) nach einem Spaziergang plötzlich innerhalb von einer halben Stunde schlecht. Er zog sich in eine Ecke zurück, wollte nicht aufstehen und nicht fressen – nicht fressen gibt es bei Labradoren nicht – daher wusste ich, es geht ihm nicht gut.

Als ich ihn am Halsband leicht hochziehen wollte, brach er zusammen. Ich fuhr sofort zum Tierarzt, welcher ihn an den Tropf hing, Blut abnahm und ihn geröntgt hat.

Pacco hatte weiße Schleimhäute, Schockherz, konnte sich kaum auf den Beinen halten und extrem niedrige Temperatur. Doch der Tierarzt konnte uns nicht weiterhelfen und schickte uns mit Verdacht auf Rattengift-Vergiftung in die Tierklinik.

In der Tierklinik angekommen, kamen wir auch sofort dran.

Pacco kam auch hier wieder an den Tropf, Blutabnahme, röntgen. Wieder Unschlüssigkeit und Verdacht auf Vergiftung. Erst der Ultraschall ergab die schlechte Diagnose:

Flüssigkeit im Bauchraum, Milztumor geplatzt.

In mir brach eine Welt zusammen.

Dann die schwere Entscheidung: operieren oder nicht operieren. Aussichten laut Ärztin:

Nach OP mit Entfernung der Milz und anschließender Chemo vielleicht ein Jahr, ohne Chemo max. 3 Monate.

Ich entschied mich für die OP und gegen eine anschließende Chemotherapie. Die Entfernung der Milz verlief gut. Ich konnte Pacco bereits einen Tag nach der OP abholen.

Die 10cm lange Narbe am Bauch verheilte binnen 10 Tagen sehr schnell und komplikationsfrei.

Die pathologische Auswertung der Milz ergab: Hämangiosarkom (Krebs: bösartig). Die große Frage war, wie geht es jetzt weiter??? Welchen Weg gehe ich mit Pacco?

Nach intensiver Recherche im Internet und einem langen Gespräch mit meiner Tierärztin und deren guten Kontakten, entschied ich mich für eine sofortige

Ernährungsumstellung auf Rohfütterung (www. barfers.de) und einer Behandlung mit Misteltherapie (iscador p von Weleda).

Zur Misteltherapie möchte ich folgende Erfahrungswerte weitergeben. Zuerst erhielt Pacco iscador p Serie 0, wie in der Gebrauchsanweisung vorgegeben 3 x pro Woche injiziert (das injizieren mache ich selbst - habe es mit meiner Tierärztin geübt), anschließend iscador p Serie 1.

Beim wiederholten Mal der Serie 1 stellte ich plötzlich bei Verabreichung von Ampulle 4 eine große Beule an der Injektionsstelle fest, welche aber am nächsten Tag wieder weg war.

Als er dann 2 Tage später noch Ampulle 5 (10 mg) injiziert bekam, ging es ihm plötzlich sehr schlecht. Er jammerte sehr viel, war müde und antriebslos.

Hierzu muss man sagen, dass das bei Serie 1 vorkommen kann, da der Sprung von Ampulle 4 (1 mg) auf 5 (10 mg) sehr hoch ist, also hier für Pacco schon zu hoch war. Daher machten wir eine kurze Pause von ca. 1,5 Wochen und begannen wieder mit Serie 1, aber nur bis zur Ampulle 4, die 5. teilten wir in 2 x 2,5 mg und 1 x 5 mg.

Diese hatte er alle ohne Probleme vertragen. Seitdem ist Pacco auch mit der Mistel gut eingestellt.

Weiterhin bekommt er Vitalpilze. Auf Anraten von Frau Scharl morgens und abends je 1 Kapsel Reishi, 1 Kapsel ABM und 1 Tablette Coprinus. Mittags 1 Kapsel Cordyceps.

Die Pilze bekommt er morgens und abends mit 2 Esslöffeln Hüttenkäse und 1 Teelöffel gutem Leinöl und mittags bekommt er die 1 Kapsel des Cordyceps zusätzlich zu Hüttenkäse und Leinöl unter sein Futter gemischt (rohes Fleisch und grüne Blattsalate oder Zucchini).
Dazu bekommt er Vitamin C Pulver und Bio-Selen-Zink Tabletten (tägl. 1).

Ansonsten bekommt er natürlich zwischendurch getrocknete Sachen wie Lunge, Pansen oder leckere Schweineohren.

Erst das Zusammenspiel von unserer Tierärztin und dem Team der Vitalpilzberatung (www.vitalpilze.de), Frau Petra Scharl, hat mich glücklicher Weise auf den richtigen Weg gebracht.

Die prognostizierten 3 Monate hat Pacco bereits glücklich überlebt.

Egal wie viel Zeit uns noch bleibt, ich genieße es, ihn jeden Tag fit und glücklich zu sehen. Ab jetzt ist jeder Tag ein Geschenk.

Vielen lieben Dank an alle, welche uns so unterstützten!!!

Bösartiges Insulinom/Epilepsie bei 12 ½-jährigem Retriever-Mix

Vielen herzlichen Dank Frau Pamp!

Sehr geehrte Frau Scharl,

mit großem Interesse bin ich auf die Gesellschaft für Vitalpilzkunde e.V. aufmerksam geworden und möchte Ihnen meine Erfahrung über den Einsatz von Hericium bei meinem 12 ½-jährigem Retriever-Mix schildern.

Vor 3 ½ Jahren traten erstmalig nach körperlicher Anstrengung für ca. 10 Min. Gleichgewichtsstörungen auf. Wir vermuteten, dass es wetterbedingt zu Kreislaufproblemen kam.

Fortan wurden Anstrengungen bei warmem Wetter vermieden. Nach einem halben Jahr nach körperlicher Anstrengung erneutes Auftreten von Gleichgewichtsstörungen bei schlechtem Wetter.

In der Zeit danach eines morgens Fieber und Zeichen einer Unterzuckerung.

Der Tierarzt stellte die Diagnose: Bösartiges Insulinom.
Überlebenszeit vermutlich max. 9 Monate.

Auch Tierärzte der Tierklinik kamen nach MRT zu demselben Ergebnis. Ein Primärtumor sowie Metastasen kamen aber nicht zur Darstellung.

Die Bauchspeicheldrüse zeigte sich derb verändert.
Das Mittel der Wahl, Kortison, sollte hochdosiert für den Rest seiner Lebenszeit eingenommen werden.

Die Beschwerden besserten sich rasch, der Blutzucker stieg, der Hund zeigte sich wieder normal und wurde aus dem Training genommen (Flächensuchhund beim Roten Kreuz).

Ganz langsam setzte ich gegen das Anraten der Tierärzte das Kortison ab. Sein Gesundheitszustand blieb ca. 2 Jahre lang stabil.

Vor einem halben bis dreiviertel Jahr dann wieder Auftreten von Gleichgewichtsstörungen, einhergehend mit Zuckungen des Kopfes.

Waren bis dato noch Spaziergänge bis zu 5km möglich, sank die Belastungsgrenze innerhalb von 4 Wochen auf „einen Gang ums Haus". Der Tierarzt sagte, es wäre ja ein alter Hund, was ich denn wolle?

Ein anderer Tierarzt veranlasste zumindest eine Laboruntersuchung, die normale Werte zeigte.

Osteopathische Behandlungen brachten ebenso keinen Erfolg.

Die „Anfälle" verschlimmerten sich, die Zuckungen wurden immer heftiger, teilweise war der Gang zur Futterschüssel nicht mehr möglich.

Die Tierärztin tippte auf Epilepsie und verschrieb Phenoleptil, welches wegen starker Nebenwirkungen nach vier Tagen abgesetzt werden musste. Der Hund konnte gar nicht mehr aufstehen, war verwirrt und unruhig.

Die Tierärztin riet uns, den Hund einzuschläfern.

Abgesehen von diesen Anfällen schien es ihm gut zu gehen, sein Fell sah schön aus und der Appetit war wie immer. So suchte ich weiter nach Alternativen.

Eine Freundin, die sich in der Naturheilkunde recht gut auskennt, riet mir zur Belladonna C200 3 x täglich, Gingko und Hyoscyamus C200 einmal wöchentlich. Zudem erinnerte ich mich an das Buch von Fr. Dr. Ziegler, welches uns bei der Behandlung meines „Allergiker Hundes" schon sehr gut u. a. auch mit Vitalpilzen geholfen hatte.

Auf der Suche nach Hinweisen zu Epilepsie stieß ich auf Hericium. Die homöopathischen Gaben haben zuerst keine Besserung gebracht. Nach zusätzlicher Gabe von Hericium hatte auch die Familie das Gefühl, dass die Anfälle nicht mehr so lange anhielten.

Ich erhöhte die Dosis auf 2 x 1 Kapsel und ... was soll ich sagen? Die Anfälle treten meist nur noch in den Morgen- und Abendstunden auf, sind definitiv nicht mehr so heftig und dauern nur noch Sekunden. Vor dieser Zeit dauerten die heftigen Zuckungen teilweise bis zu 10min. Er war nie bewusstlos, hat auch nie Urin verloren.

Mich erinnern diese Zustände stark an einen Menschen mit Parkinson, aber so etwas scheint es bei Hunden ja nicht zu geben.

Wie dem auch sei, natürlich ist der Hund krank und auch schon alt, aber mittlerweile hat er wieder so viel Lebensfreude, dass er mindestens zweimal täglich mit seinem Kumpel wieder einen Sprint über den Hof macht und man ihm ansieht, dass es ihm besser geht und er sicher noch nicht gleich sterben will.

Ein Hoch auf die Vitalpilze!!

Viele Grüße, G. Pamp

Erfahrungsbericht aus dem Vitalpilzforum mit herzlichem Dank für die Bereitstellung

Emma ist 4 Jahre alt und ein Aussie. Emma ist von klein an bei uns und wird seither gebarft.

Leider habe ich Emma mit einem halben Jahr kastrieren lassen, weil hier noch ein sehr potenter Rüde wohnt. Emma war bis zum Januar 2010 ein aktiver, lebensfroher Hund mit viel Power und allerlei Blödsinn im Kopf.

Dann fing Emma an, immer mehr zuzunehmen und wurde total lustlos.

Im August 2010 trottete sie bei unseren Spaziergängen nur noch lustlos neben mir her. Lange Spaziergänge konnte ich kaum noch machen, oft legte sie sich hin und lief einfach nicht mehr weiter. Buddelte sie Mauselöcher, war sie danach vollkommen kaputt, fing manchmal an zu Husten oder erbrach auch mal Schleim.

Unsere Fahrradtouren musste ich nach 10min abbrechen, weil Emma sich hinlegte und sich weigerte zu laufen. Manchmal musste ich 10min warten, bis sie halbwegs fit war um den Heimweg anzutreten.

Obwohl ich Emma bereits im März 2010 eine Diät verordnete, um mindestens 2kg abzuspecken, nahm sie immer mehr zu. Noch weiter runter konnte ich mit dem Fleischanteil und den Fetten nicht mehr gehen, da Emma dann die nötige Energie fehlte und sie unterwegs alles fraß, was auf dem Boden lag.

Beim Tierarzt konnte bis auf 2-3kg Übergewicht nichts Gravierendes festgestellt werden. Emma wurde immer fetter, trotz enormer Reduzierung ihres Futters.

Schilddrüse war angeblich vollkommen in der Norm. Ich bezweifle diese Werte heute noch.
Da ich selbst mit den Vitalpilzen sehr gute Erfahrungen gemacht habe, fing ich Ende Oktober 2010 an, Emma nach und nach Vitalpilze zu geben.

Angefangen habe ich mit 1 Cordyceps früh, 1 Kapsel Reishipulver morgens und abends. Nach 3 Wochen nahm ich noch den Maitake als Pulver/Extrakt Kombinationskapsel, morgens 1 und nach einer Woche morgens und abends je 1 dazu.

Gleichzeitig habe ich ihr täglich einen Auszug aus Rosmarin sowie Petersilie und Löwenzahn übers Futter gegeben (soll laut Juliette de Bairacli Levy bei kastrierten Hündinnen das Drüsensystem stärken, dass ja durch das Kastrieren durcheinandergerät und leider oft zu Fettleibigkeit führt).
So, nun zu dem absolut tollen Erfolg:

Weihnachten stellte meine Tochter fest – sie kommt leider aus beruflichen Gründen sehr selten zu uns –, dass Emma enorm schlank geworden ist. Ich habe mich vorher schon immer gewundert, dass ich ständig ihr Geschirr neu einstellen musste. Ich selbst habe das nicht so extrem wahrgenommen. Auch meine zweite Tochter kam und fragte mich, was ich mit dem Hund gemacht hätte, die wäre so schön schlank und hätte wieder eine Taille und die Rippen kann man wieder tasten.

Emma hat in 8 Wochen 2800 Gramm abgenommen.

Seit Anfang Januar kann ich wieder auf unseren langen Touren erleben, dass Emma wie ein geölter Blitz übers Feld durch den tiefen Schnee rennt, vollkommen ausgelassen, wie ein junger und übermütiger Welpe. Sie wirkt wieder glücklich und gut gelaunt, hat wieder Spaß am „Mauselöcher buddeln", ohne zu erbrechen und schlapp zu machen.

Emma kann heute wieder stundenlang gehen.

Es ist zwar kein gravierender Fall, aber für mich eine erfreuliche Sache. Ich bin der Meinung, dass Emma nicht nur wegen der 2-3kg Übergewicht solche gesundheitlichen Probleme hatte.

Dank der Pilze hat sich bei Emma alles Ungleichgewicht im Körper reguliert.

Momentan bekommt Emma morgens 1 Cordyceps und morgens und abends je 1 Reishikapsel Pulver und 1 Kapsel Maitake E/P.

Erfahrungsberichte meiner Kollegin C. Schaar Herzlichen Dank auch hierfür!

Pferd mit Hufrehe akut

18jähriges Welsh Cob Pony mit akuter Hufrehe bekam Auricularia und Shiitake, je 2 x 3 Kapseln täglich.

Zusätzlich Angussverbände und strikte Diät.

Nach 2 Wochen konnte es schon wieder recht gut laufen und die Rehe ist mittlerweile vollständig ausgeheilt. Die Pilze wurden in dieser Dosierung gut 3 Monate weitergegeben.

Dann anschließend homöopathisch behandelt. Seitdem ist sein Koppelgang eingeschränkt worden und das Körpergewicht wurde reduziert.

Pferd mit Spat

Bei einem Traber mit beginnendem Spat wurden Shiitake und Reishi als Pulver eingesetzt (2 x 2 Ml).

Nach 8 Wochen Kontrolle war der Gang bereits deutlich lockerer.

Die Pilze wurden insgesamt 6 Monate gegeben und seither immer wieder in der kalten Jahreszeit kurweise verabreicht. Das Pferd läuft lahmfrei.

Pferd mit COPD

Quarter-Horse-Stute, 8 J., mit Schimmelpilzallergie.

Das Heu wurde nass gefüttert und die bisherige Behandlung vom Tierarzt war ohne zufriedenstellenden Erfolg geblieben.

Wir gaben Reishi und Cordyceps (2 x 3 Kapseln), da die Stute auch sehr müde und schlapp war.

Die ersten Erfolge wurden bereits nach wenigen Wochen sichtbar.

Nach 3 Monaten konnte das Pferd wieder recht munter im Gelände geritten werden.

Hund mit Hüftgelenksdysplasie und Altersherz

Schäferhundrüde, 11J., bekam (aus Kostengründen) nur Agaricus Pulver + Extrakt als Mischung 2 x 2 Kapseln, da er sowohl eine Hüftgelenksdysplasie, als auch eine klassische Altersherzinsuffizienz hatte.

Nach gut 2 Monaten berichteten die Tierbesitzer, dass er nahezu lahmfrei Gassi gehen kann und auch wieder mit dem Ball spielen will.

Das Herz hat sich ebenfalls verbessert, was ich auskultatorisch feststellen konnte.

Katze mit FUS (Felines urologisches Syndrom)

10jähriger Siam Kater mit FUS; pinkelt und markiert, wahrscheinlich wegen Schmerzen, überall im Haus und im Garten.

Er bekam Cordyceps Extrakt 2 x tägl. 1/2 Kapsel, das Trockenfutter wurde gestrichen und auf nur Nassfutter umgestellt, da die Tierbesitzer leider nicht bereit waren, ihr Tier zu barfen.

Nach 2 Monaten Rückmeldung, dass der Kater deutlich weniger markiert und das Fell schöner glänzt; der Cordyceps wurde bis jetzt beibehalten, das Tier ist mittlerweile knapp 12 Jahre alt.

Erfahrungsberichte aus der Tierarztpraxis Dr. Kristine Hucke, prakt. Tierärztin aus Wiesbaden

Der letzte schöne Fall ein **10 jähriger Schafspudel** mit Nasentumor im CT in Hofheim diagnostiziert, hat immer blutig-eitrigen Nasenausfluss, müde seit August 2019 haben wir mit ABM, Reishi, Auricularia und 2 x wöchentlich oral Vitorgan Ney Dil 66 D4 sehr gute Lebensqualität erreicht.

Er spielt wieder, kaum Nasenausfluss, mal schauen wie lange es ihm noch so gut geht.

3 Ratten laufen momentan nach Mammatumor-OP mit ABM - Coriolus - Reishi max jeweils 1/8 Kapsel + Organotherapie .

1 Kaninchen, 5,2 kg, sehr unkooperativ und stressig mit Herzproblem und Thymom bekommt seit Juli 2017 ABM + Reishi je E/P 1/4 Kps + Prilium.

Besitzerin bezweifelt inzwischen Diagnose, aber nachröntgen geht wegen Stress nicht.

Erfahrungsbericht Kayleigh, 6 Jahre alt, Diagnose Lymphdrüsenkrebs

Kayleigh ist eine 6jährige Australian Shepherd Hündin. Sie war bis Anfang des Jahres stets gesund, aktiv und einfach ein genialer Hund.
Im Februar dieses Jahres plötzlich Appetitlosigkeit, sehr schlapp, trank viel und allgemein schlechter Zustand. Nach vielen Abklärungen dann Mitte März die Schockdiagnose Lymphdrüsenkrebs. Mit Cortisongabe eine Lebenserwartung von noch etwa 4 bis 6 Wochen. Es wurde uns eine Chemotherapie empfohlen von der Klinik, welche die Lebenserwartung auf 6 bis 12 Monate erhöhen würde. Dies kam für uns jedoch nicht in Frage. Der enorm hohe Calciumwert im Blut sprach für einen eher negativen, aggressiven Verlauf. Die Diagnose war eindeutig, man hatte punktiert und die Symptome sprachen ebenfalls dafür. Alle Lymphdrüsen waren geschwollen.
Wir haben das Cortison gegeben. Zudem haben wir bei Gabi Bioresonanz gemacht, mit den Vitalpilzen begonnen (ABM, Shiitake und Cordyceps wie von ihnen empfohlen) und wir gingen regelmässig in die Equusir box (Therapie mittels bioenergetischer Messung und Behandlung). Zudem benutzten wir täglich die Decke von Equusir. Kurzzeitig haben wir eine Misteltherapie begonnen (Spritze), dies jedoch nach zwei Zyklen abgebrochen, da die Spritze nicht gut vertragen wurde. Zudem wurde Kayleigh mit vielen Gebeten unterstützt.

Kayleigh wurde während dem Sommer immer fitter, zwischenzeitlich holten wir uns einen Welpen, ohne zu wissen, dass die beiden sich überhaupt kennenlernen würden. Das Cortison haben wir auf eine extrem geringe Dosis geschraubt. Vor einigen Wochen (Ende Oktober), wollte ich wissen, was genau los ist, weshalb mein Hund noch immer bzw. wieder so fit ist und vereinbarte einen Termin in der Klinik. Nach Ultraschall, Röntgen und Blutentnahme kein Lymphdrüsenkrebs mehr feststellbar! Die Tierärztin nennt

unsere tolle Hündin nur noch Wunderhündli. Cortison haben wir ganz abgesetzt, Pilze werden noch regelmässig verabreicht. Das Calzium im Blut hat seine Spuren hinterlassen. Verkalkungen an Lunge, Luftröhre und Niere. Die Nierenwerte sind schlecht. Dies behandeln wir weiterhin mit Bioresonanz.
Kayleigh mag zwar nicht mehr so sprinten wie vor der Krankheit, aber ansonsten ist sie praktisch wieder „die Alte", fängt nun auch an mit dem Jungspunt zu spielen und macht den fröhlichsten Eindruck. Wir sind überglücklich. Selbst wenn der Krebs eines Tages zurückkommt (die Tierärztin meinte, dies sei bei Lymphomen gut möglich), sind schon die 8 Monate ein grosses Geschenk.

Was könnte man allenfalls an den Pilzen ändern um auf die Nieren abzustimmen?

Liebe Grüsse
Rochelle Alten mit Kayleigh

XVI. Literaturempfehlungen

Die Heilkraft der Pilze - Wer Pilze isst lebt länger

von Prof. Dr. Lelley

BOSS Druck und Medien

ISBN: 978-3-933969-78-1

Preis € 22,80

Pilze genießen, mit Ihnen abnehmen, Krankheiten vorbeugen und therapieren. Das alles steht in diesem ultimativen Pilzbuch. Vergessen Sie deshalb ruhig alles, was Sie bisher über Pilze gewusst haben. Hier finden Sie völlig neue und überraschende Informationen.

Der Schlüssel zum System Mensch

von Prof. Dr. med. Heinz Knopf und
Dipl. TCM Therapeut Thomas Falzone

GFVS.ch

www.gfvs.ch

Vitalpilze gehören zu den ältesten Naturheilmitteln der Menschheit. Immer mehr rückt das Interesse an der „Mykotherapie" in den Fokus der modernen Medizin. Mehrere Studien belegen die Feinabstimmung hochkomplexer Wirkstoffe aus Vitalpilzen, mit der wir unsere Gesundheit bewahren und Krankheitszustände behandeln können. Dieses Buch führt Sie über die wichtigsten Säulen der Vitalpilze (Geschichte, Wirkungsweise, Kultivierung) hin zu den wichtigsten Vitalpilzen und deren Anwendungsmöglichkeiten. Ergreifen Sie mit „Der Schlüssel zum System Mensch" die Chance zu weiterem körperlichen und geistigen Wohlstand.

Vitalpilze für Tiere

Den Einsatz von Vitalpilzen bei Tieren haben wir jetzt in einer 40-seitigen Broschüre zusammengefasst.

Broschürentitel „Vitalpilze bei Tieren"

Autorin: Petra Scharl

Preis: Euro 2,50 (Druckkosten)

Zu beziehen bei: www.gfvs.ch oder www.mykoplan.de

Die große Welt der Tierheilkunde

Mit Beiträgen der besten Tierheilpraktikerinnen und Tierheilpraktiker Deutschlands von Abbas Schirmohammadi, Monika Heike Schmalstieg

Lange bevor der Gesetzgeber den Tierarzt schuf, gab es ihn schon: den Mann im Dorf, der besonders viel vom Vieh verstand. Er kannte die alten überlieferten Naturheilmittel, verstand die

Bedürfnisse der Tiere, wurde gerufen bei schwierigen Geburten, wenn das Vieh keine Milch gab, bei Erkrankungen in Stall und Hof. Heute entdecken wir die artgerechte und natürliche Haltung und Heilung von Tieren wieder neu! Tierheilpraktiker kennen die artspezifischen Bedürfnisse der Tiere, umsorgen, behandeln und heilen mit altbewährten, milden, unschädlichen Methoden und Mitteln der Naturheilkunde. Sie sehen und therapieren – wie die Heilpraktiker in der Humanmedizin – das Lebewesen ganzheitlich im Körper/Seele/Geist/Umwelt-Zusammenhang. Nicht die Symptome, sondern die oft komplexen Ursachen von Störungen und Krankheiten sollen erkannt und für immer beseitigt werden. Dieses Buch beinhaltet erstklassige Fachartikel, hautnahe Fallstudien, langjährige Dokumentationen, einzigartige Praxis- und Tiergeschichten und spannende Interviews der besten und namhaftesten Tierheilpraktikerinnen und Tierheilpraktiker Deutschlands. Ein hochwertiges Fachbuch für Berufskollegen, ein Informations- und Aufklärungswerk für alle Tierfreunde, Tierhalter und Interessierte über den spannenden Beruf, das Wissen und die Arbeit des Tierheilpraktikers: wie er denkt, wie er das Tier betrachtet, wie er behandelt, wie er hilft, wie er heilt.

Verlag: Shaker Media; Mai 2012
ISBN: 978-3-86858-790-6 / im Buchhandel erhältlich

Hunde würden länger leben, wenn...

Schwarzbuch Tierarzt von Dr. med. vet. Jutta Ziegler

Ca. 8,2 Millionen Katzen und 5,4 Millionen Hunde leben derzeit in deutschen Haushalten.

Nahezu all diese Vierbeiner werden regelmäßig mit sinnlosen Impfungen, chemischen Medikamentenkeulen und abstrusen Diätfuttermitteln traktiert und so regelrecht krank therapiert.

Dieses Enthüllungsbuch zeigt die Missstände in unseren Tierarztpraxen und deckt die Verflechtungen zwischen Tierarztgeschäft und der Futtermittelindustrie auf.

Die Tierärztin Jutta Ziegler informiert anhand von praktischen Fallbeispielen, wie unsere Hunde und Katzen eben nicht behandelt und ernährt werden sollten.

Der verantwortungsbewusste Tierbesitzer erhält in diesem Buch Tipps und Ratschläge, wie er sein Tier und sich selbst vor korrupten und gewissenlosen Tierärzten schützen kann, die die Gesundheit der ihnen anvertrauten Tiere zugunsten ihrer eigenen Brieftasche in verantwortungsloser Weise aufs Spiel setzen.

Dieses Buch sollte für jeden Tierhalter, dem das Wohl seines Tieres am Herzen liegt, Pflichtlektüre sein!

MVG Verlag; 2011
ISBN: 978-3-86882-234-2 / im Buchhandel erhältlich

XVII. Kompendium der Vitalpilze

Indikationen von A-Z
Bitte beachten Sie, dass diese mykotherapeutischen Empfehlungen keinen Tierarzt oder Tierheilpraktiker ersetzen!
Bitte konsultieren Sie einen, in der Vitalpilzkunde erfahrenen Therapeuten, der beurteilen kann, welche Pilze in welcher Dosierung für ihr Tier passend sind.

Abmagerung

Allgemein:
Krankhafte, sehr starke Abmagerung, Reduktion des Normalgewichtes auf unter 80%

Ursachen:
Stoffwechselstörungen, Magen-Darm-Erkrankungen, Wurminfektionen, chron. Darmerkrankungen, Futtermittelallergie, Pankreatitis

Mykotherapie:
Shiitake, Champignon, Reishi → Stoffwechselstörungen
Hericium, Chaga, Reishi → Magen/Darm
Coriolus → Wurminfektionen → Darmaufbau
Hericium, Maitake, Reishi → chron. Darmerkrankungen
Reishi, ABM → Futtermittelallergie → Darmaufbau
Shiitake, ABM, Hericium → Pankreatitis

Acanthosis nigricans

Allgemein:
hyperkeratotische, nicht entzündliche Hauterkrankung mit Hyperpigmentierung

Ursachen:

Vermutlich endokrine Dysfunktion
Zink- oder Kupfermangel

Mykotherapie:
Cordyceps → Endokrine Dysfunktion
Substitution der Mineralstoffe → Zink/Kupfermangel

ADHS

Allgemein:
Aufmerksamkeitsdefizit-Hyperaktivitätsstörung

Ursachen:
Erziehungsfehler, Vernachlässigung, Traumata, Schädigung der Nervenleitbahnen

Mykotherapie:
Cordyceps, Hericium → Traumata
Hericium → Schädigung der Nervenleitbahnen

Adipositas

Allgemein:
Vermehrung der Fettgewebsmasse mit übermäßiger Gewichtszunahme. Diese kann zu einer erheblichen Störung der Leistungsfähigkeit und zu gesundheitlichen Störungen führen.

Ursachen:
Fütterungsfehler, endokrine Störungen wie Hypothyreose, Morbus Cushing, Bewegungsmangel

Mykotherapie:
Cordyceps, ABM → Hypothyreose
Cordyceps, ABM → Morbus Cushing NN
Coriolus, ABM → Morbus Cushing Hypophyse

Akne (feline)

Allgemein:
Haarbalgentzündungen, auch mit bakterieller Beteiligung möglich

Ursachen:
Mechanische Hautschädigungen, chemische Hautbehandlungen, hormonelle Störungen, Diabetes, Allergien

Mykotherapie:
Coriolus, Hericium → Haarbalgentzündungen bakteriell

Hericium, Reishi → Mechanische Hautschädigungen

Hericium, Chaga → Chemische Hautbehandlungen

Cordyceps, Coriolus → Hormonelle Störungen

Maitake, Coprinus, ABM → Diabetes

Reishi, Hericium, ABM → Allergien

Allergien

Allgemein:
Übermäßige Reaktion des Körpers nach Sensibilisierung durch körperfremde, aber auch bekannte Stoffe

Ursachen:
Immunschwäche, Kontaktallergie, Nahrungsmittelallergie, Inhalationsallergie

Mykotherapie:
ABM, Reishi → Immunschwäche
Reishi, Hericium, ABM → Kontaktallergie

Reishi, Hericium, ABM → Futtermittelallergie
Reishi, ABM, Cordyceps (bei Atemnot) → Inhalationsallergie

Alopezie

Allgemein: Haarausfall (Fellverlust)

Ursachen:
Erkrankungen der Haut, Hormonstörung, Mangelernährung, Irritationen der Haut

Mykotherapie:
Polyporus → Generell bei Fellverlust

Hericium, Chaga, Reishi → Erkrankungen der Haut

Cordyceps, Coriolus → Hormonstörungen

Hericium, Reishi → Irritationen der Haut

Anämie

Allgemein:
Verminderung der roten Blutkörperchen, Blutarmut

Ursachen:
Traumata, Störung des Hämoglobinstoffwechsels, Toxine, defektes Immunsystem, Parasiten

Mykotherapie:
Reishi, Polyporus → Traumata
Reishi → Störung des Hämoglobinstoffwechsels
Cordyceps, Reishi, Polyporus → Toxine
ABM, Reishi, Polyporus → Immunsystem
Coriolus → Parasiten

Besonderheit: Unter allen derzeit bekannten Vitalpilzen ist der Polyporus der Pilz mit dem höchsten Eisengehalt!

Analbeutelentzündung

Allgemein:
Entzündung der Analbeutelschleimhaut

Ursachen:
Entleerungsstörung, Eindickung des Drüsensekretes, Futtermittelunverträglichkeit, Futtermittelallergien

Mykotherapie:
Coprinus → Entleerungsstörung
Hericium → Eindickung des Drüsensekrets
Reishi, Hericium → Futtermittelallergie

Anaplasmose

Allgemein:
Infektionskrankheit mit dem Bakterium der Gattung Anaplasma, die durch Zecken übertragen wird

Ursachen:
mit Anaplasma Bakterien infizierte Zeckenbisse

Mykotherapie:
Coriolus, ABM → Akutstadium
Cordyceps, ABM → chronischer Verlauf

Appetitmangel

Allgemein:
Inappetenz, fehlendes Verlangen nach Futter

Ursachen:
Psychosomatisch, Futtermittelallergie, Zahnschmerzen, Verletzungen der Maulschleimhaut

Mykotherapie:
Cordyceps → Psychosomatisch
Reishi, ABM, Hericium → Futtermittelallergie
Hericium → Zahnschmerzen (nach Behebung)
Coriolus, Hericium → Verletzungen

Arteriosklerose

Allgemein:
Krankhafte Einlagerungen in die innere Wandschicht arterieller Gefäße

Ursachen:
Erhöhte Blutfettwerte, erhöhter Blutdruck, Diabetes

Mykotherapie:
Pleurotus, Shiitake, Reishi, Champignon → Blutfette
Reishi, Shiitake → Blutdruck
Coprinus, Maitake, ABM → Diabetes

Arthrose

Allgemein:
Degenerative Gelenkerkrankung, Verschleiß

Ursache:
Fehlstellung der Gelenke, Sportverletzungen, Übergewicht, altersbedingte Abnutzung

Mykotherapie:
Reishi, Shiitake, Cordyceps → Sportverletzungen
Maitake, Shiitake → Übergewicht
Maitake, Shiitake, Cordyceps → Altersbedingt

Arthritis

Allgemein:
entzündliche, knorpelzerstörende Gelenkerkrankung

Ursache:
Erbliche Faktoren, erworbene Gelenkschäden durch Verletzungen, Bakterien

Mykotherapie:
ABM → Vererbung
Coriolus, Reishi → Verletzungen
Coriolus, ABM → Bakterien

Aspergillose

Allgemein:
Infektion durch Schimmelpilze der Gattung Aspergillus

Ursache:
Schimmelpilzinfektion der Gattung Aspergillus; Infekton meist über befallenes Obst und Gemüse, Blumenerde, Immunschwäche

Mykotherapie:
Coriolus, Pleurotus → Schimmelpilzinfektion
ABM → Immunsystem

Aszites

Allgemein:
Ansammlung von Flüssigkeit in der Bauchhöhle

Ursache:
Rechtsherzinsuffizienz, Hepatopathien (Lebererkrankungen), Nephrotisches Syndrom, Allergien, Infektionskrankheiten, Tumore

Mykotherapie:
Reishi, ABM, Auricularia → Rechtsherzinsuffizeinz
Maitake, Reishi, ABM → Hepatopathien
Cordyceps → Nephrotisches Syndrom
Reishi, ABM → Allergien
Coriolus, Cordyceps, ABM → Infektionskrankheiten
je nach Art des Primärtumors → Tumore

Babesiose

Allgemein:
Eine durch Babesien hervorgerufene Infektionskrankheit, die zur Zerstörung der roten Blutkörperchen und damit zur Anämie führt. Die Babesiose wird auch Hundemalaria genannt.

Ursache:
Infektion mit Babesien durch Zeckenbiss

Mykotherapie:
Coriolus und ABM → akute Infektion
Cordyceps, ABM → chron. Verlauf

Bänderriss/Bänderzerrung

Allgemein:
Bänderrisse zählen zu den häufigsten orthopädischen Verletzungen bei Tieren. In der Regel tritt Lahmheit der betroffenen Gliedmaßen auf, die oftmals mit leichten Schmerzäußerungen einhergehen (Fiepen).

Ursache:
Unfälle, sogenannte Traumata oder Abnutzungserscheinungen

Mykotherapie:
Pleurotus → Stärkung des Bandapparates
Maitake kombiniert mit Shiitake → Unterstützung und Stärkung der Knochen und der Muskulatur

Bakterielle Follikulitis

Entzündung der Haarfollikel, hervorgerufen durch eine bakterielle Entzündung.

Ursache:
Auslöser ist in der Regel das Staphylococcus pseu. Bakterium. Normalerweise tritt die Erkrankung nach Vorschädigungen der Haut auf, entweder durch Parasiten oder Allergien, aber auch durch Verhornungsstörungen und endokrine Erkrankungen. Ursache können aber auch die Folgen von Traumata (Verletzungen) oder mangelnde Hygiene des Felles sein.

Mykotherapie:
Coriolus → antibakterielle Wirkung
Reishi → antiallergisch und antientzündlich
Hericium → für eine gesunde Haut und Schleimhaut
Chaga → bei Hauterkrankungen

Bandscheibenvorfall (Diskusprolaps)

Allgemein:
Bandscheibenvorfälle sind meist die Folge von degenerativen Vorgängen der Bandscheibe, können aber auch die Folge von Überbelastungen und Übergewicht sein sowie erblich bedingt (Mops, Bully etc).

Ursache:
Neben bereits oben genannten Punkten können Bandscheibenvorfälle auch Rassebedingt sein.

Rassedisposition besteht vor allem für Tiere mit sehr langem Rücken, aber auch für Deutsche Schäferhunde, Spaniel und Bassets.

Bei den degenerativen Vorfällen baut sich das Zentrum der Bandscheibe knorpelig-knöchern um. Diese verkalkte Masse führt dann zur Beschädigung der äußeren Bandschiebenanteile, wodurch es dann zum Vorfall kommen kann.

Mykotherapie:
Maitake, Shiitake → Stärkung von Knochen und Muskulatur
Hericium → bei Nervenbeeinträchtigungen
Auricularia → verbesserte Durchblutung

Bakterielle Infekte

Allgemein:
Als bakterielle Infektion wird das Eindringen von Bakterien in den Organismus bezeichnet.

Ursache:
Verunreinigtes Wasser oder Futter
Schlechte Immunlage und damit fehlende Abwehr

Mykotherapie:
Coriolus → antibakterielle und auch antivirale Wirkung
Cordyceps → antibakterielle Wirkung
Reishi → immunmodulierende Wirkung
Shiitake → Immunmodulation vor allem bei Jungtieren
ABM → Höchster Immunmodulator

Blasenentzündung (Zystitis)

Allgemein:
Bei einer Blasenentzündung handelt es sich in der Regel um eine bakterielle Infektion, die meist nicht nur Blase, sondern auch die Harnröhre betrifft. Die Blasenentzündung sollte also nicht isoliert betrachtet werden.

Ursache:
Blasenentzündungen treten bei Tieren jeden Geschlechts auf, wobei z.B. Hündinnen durch die verkürzte Harnröhre stärker betroffen sind als Rüden. Auch die Kastration mit der oft einhergehenden Blasenschwäche kann als Ursache angesehen werden.

Bei den entzündungsauslösenden Bakterien handelt es sich meist um Darmkeime wie Escherichia coli, Enterokokken, aber auch Proteus, Staphylokokken, seltener Pseudomonas und andere Erreger.

Ebenso können Blasensteine und Harnkristalle für rez. Blasenentzündungen verantwortlich sein.

Auch durch Erkrankungen wie Diabetes oder Cushing können die Abwehrmechanismen und damit die antibakteriellen Blaseneigenschaften gestört sein.

Mykotherapie:
Coriolus → antibakterielle und antivirale Eigenschaften
Shiitake → Verbesserung des Blasenmilieus (Kristalle)
Polyporus → besserer Harnfluss
ABM → Immunmodulation bei rez. Infekten

Blaseninkontinenz

Hierbei verliert der Patient meist im Schlaf oder direkt nach dem Erwachen Harn. Aber auch tagsüber ist das „nicht halten können" meist ein Problem.

Man sollte die Inkontinenz allerdings nicht mit Blasenträufeln verwechseln, die völlig andere Ursachen hat (z.B. Diabetes).

Ursachen:
Kastrierte Hündinnen sind häufiger betroffen als Rüden, da es durch die Kastration zu einer sogenannten Blasenschwäche kommen kann.

Ebenso können Störungen der hormonellen Steuerung und auch das Alter eine Rolle spielen. Im fortgeschrittenen Alter kommt es zu Bindegewebsschwächen, die dazu führen, dass der Schließmuskel (Sphinkter) nicht mehr ausreichend funktioniert.

Zu den typischen Ursachen zählen aber auch Übergewicht, Tumore, Missbildungen, Bandscheibenvorfälle und psychosomatische Störungen (Ängste).

Mykotherapie:
Cordyceps → Regulation des hormonellen Systems
Auricularia → Bindegewebsschwäche
Coprinus oder Maitake → Übergewicht
Maitake oder ABM und Shiitake → Tumore
Hericium → Nervenschädigung durch Bandscheibenvorfälle
Cordyceps → Psychosomatik

Bluthochdruck (Hypertonie)

Allgemein:
Bluthochdruck ist eine Herz-Kreislauf Erkrankung, die, bleibt sie unerkannt, zu Schäden an lebenswichtigen Organen wie Herz, Gehirn, Nieren und Augen führen kann.

Ursache:
Bei Tieren tritt Bluthochdruck meist nach einer Erkrankung auf. Häufige Ursache sind chronische Nierenerkrankungen, Niereninsuffizienz, aber auch Übergewicht, Diabetes, Cushing, Tumore und auch durchgemachte Vergiftungen.

Mykotherapie:
Reishi und ABM in Kombination → Verbesserung der Herzleistung
Cordyceps → Stärkung der Niere
Maitake → Übergewicht
Coprinus → Diabetes
Coriolus und ABM → Cushing der Hypophyse
Cordyceps und ABM → Cushing der Nebenniere
Maitake und/oder ABM → Tumore
Reishi, Shiitake, Cordyceps → Entgiftungsprogramm

Borreliose

Allgemein:
Bei der Borreliose handelt es sich um eine durch Zeckenbisse übertragene Infektionskrankheit. Es gibt verschiedene Borrelienstämme. Die Borrelien, die zur Gattung der Spirochäten gehören, finden sich in der Regel im Magen-Darm-Trakt der Zecke.

Zu den Symptomen der Borreliose zählen wechselnde Lahmheiten, Fieber, allgemeine Schwäche und Lymphknotenschwellungen.

Ursache:
Borrelienübertragung durch Zeckenbisse bei der die Bakterien über den Speichel der Zecke in die Blutbahn des Hundes gelangen und sich dann im gesamten Organismus verteilen. Dort rufen sie eine Entzündung hervor, die zu den typischen Beschwerden der Borreliose führt.

Mykotherapie:
Coriolus → im akuten Stadium der Borreliose
Cordyceps → im chronischen Verlauf der Borreliose
ABM (in Kombination mit einem, der beiden oben genannten Pilze) → wichtige Immunmodulation

Zu Beachten: Ich persönlich behandele meine Patienten immer zeitgleich mit reinem, hochwertigen Propolis, damit die abgestorbenen Borrelientoxine aus allen Bereichen des Organismus ausgeschieden werden können und es so nicht zu massiven Erstverschlimmerungen (Herxheimer-Reaktion) kommen kann.

Bronchitis

Allgemein:
Bei der Bronchitis handelt es sich um eine akute oder chronisch bestehende Entzündung der oberen Atemwege (Bronchien).

Ursache:
Meist Folge von Viruserkrankungen (Zwingerhusten).
Aber auch Pollen, Allergien, Passivrauchen (durch rauchende Tierbesitzer), Luftverschmutzungen, Parasiten und Mykotoxine (Schimmelpilze) sind als häufige Ursache zu sehen.

Mykotherapie:
Coriolus → antientzündlich, antiviral, antiparasitär
Cordyceps → Stärkung der Lunge und der Atmung
Reishi → antiallergische Wirkung

Corilus und Cordyceps → bei Schimmelpilzbelastungen
ABM und/oder Shiitake → Immunmodulation

Bursitis (Schleimbeutelentzündung)

Allgemein:
Der Schleimbeutel – eine Art Polsterung – an Sehnen und Muskeln die über Knochen gleiten, enthält in der Regel wenig Flüssigkeit. Man spricht von einer Bursitis, wenn sich der Schleimbeutel durch eine Beschädigung entzündet.

Meist betroffen sind Ellbogen, Knie und Sprunggelenke.

Ursache:
Traumata, Überbelastung, Übergewicht

Mykotherapie:
Coriolus → antientzündlich
Reishi → antientzündlich und schmerzlindernd
Maitake und Shiitake → Stärkung von Muskulatur und Knochen
Pleurotus → Bänder- und Sehnenunterstützung
Polyporus → Anregung Lymphfluss

Cauda-euqina-Syndrom (Lumbosacralstenose)

Hierbei handelt es sich um eine degenerative neurologische Erkrankung, die vor allem bei großen und älteren Hunden auftritt und durch Lähmungen und massive Schmerzen gekennzeichnet ist.

Das Cauda-equina-Syndrom entsteht durch die Kompression von Nervenwurzeln des hinteren Rückenmarkes.

Ursache:
Wie oben bereits erwähnt, spielt eine Rassedisposition und auch das Alter eine große Rolle.

Degenerative Veränderungen mit zunehmendem Alter sind häufige Ursache für das Cauda-equina-Syndrom, aber auch vermehrtes „Hochspringen", Überanspruchung, Übergewicht, Bandscheibenvorfälle, Luxationen und Tumore.

Mykotherapie:
Hericium → Nervenschädigungen aller Art
Maitake und Shiitake → Stärkung der Muskulatur und Knochen
Auricularia → Verbesserung der Durchblutung des umliegenden Gewebes

COB/COPD (chronisch obstruktive Bronchitis)

Allgemein:
Bei der COB oder COPD (chronic obstructive pulmonary disease) handelt es sich um eine chronische, sich selbsterhaltende Entzündung der oberen Atemwege, die unbehandelt zu einer Dämpfigkeit führen kann.

Bei der COB kommt es zur Verengung (Obstruktion) der Atemwege, bei der der Schleimfluss gestört wird und die Atemwege „überreagieren". Der Schleim verfestigt sich und die Flimmerhärchen der Schleimhäute werden geschädigt.

Ursache:
Bakterien, schlechte Haltungsbedingungen, Staub, Pollinose aber vor allem auch Schimmelpilze gehören zu den ursächlichen Auslösern.

Eine starke Ammoniakbelastung durch suboptimales Ausmisten der Ställe und das Verfüttern von schimmeligem Heu, Kraftfutter und Stroh gehören ebenso zu den Ursachen erster Güte.

Es ist ein vollkommen unverständliches Phänomen, dass oft auch nach langem Bestehen der Erkrankung nicht an eine mögliche

Schimmelpilzbelastung gedacht wird. Unbekannt führt dies dann leider zur irreversiblen Dämpfigkeit.

Mykotherapie:
Reishi → Pollinose, allergische Ursachen
Cordyceps → Verbesserung der Atmung, Stärkung der Lunge
Coriolus → Schimmelpilzbelastung, antibakteriell
ABM → aniallergische Wirkung und Immunmodulation

Coxarthrose

Allgemein:
Hierbei handelt es sich um eine Umgestaltung des Knorpels und der begrenzenden Knochen des Hüftgelenkes.

Ursache:
Eine Coxarthrose kann sowohl erblich bedingt als auch eine erworbene Stellungsanomalie als Ursache haben. Diese sind auch bei schweren Hüftgelenksdysplasien zu sehen.

Ebenso kann ein Zustand nach Arthritis, eine spät erkannte Fraktur, Fissur oder Luxation der Grund sein.

Vitaminmangelzustände und Verschleißerscheinungen gehören ebenfalls zu den Ursachen.

Mykotherapie:
Maitake und Shiitake → Stärkung der Muskulaur und der Knochen
Cordyceps und Reishi → antientzündliche, schmerzlindernde Wirkung
Hericium → bei zusätzlicher Nervenreizung

Darmentzündung (Inflammatory Bowel Disease, IBD)

Bei der IBD handelt es sich um eine chronisch entzündete Darmschleimhaut.

Ursache:
Vermutet wird bei der IBD eine genetische Ursache. In meiner langjährigen Praxis sind jedoch Futtermittelunverträglichkeiten und unerkannte Futtermittelallergien Ursache Nummer 1. Allerdings spielen auch Bakterien, Pilze und Parasiten eine durchaus wichtige Rolle.

Diskutiert wird auch eine überschießende Reaktion des Organismus, ein sogenanntes autoimmunes Geschehen.

Umweltreize und Stress spielen ebenfalls eine wichtige Rolle.

Mykotherapie:
Chaga → bei allen Magen-Darm-Erkrankungen
Hericium → Regulation des Verdauungsapparates vor allem des Darms
Reishi → antientzündlich als optimaler Synergist zum Hericium
Reishi → Histaminhemmung → antiallergische Wirkung
ABM → Autoimmunerkrankung
Cordyceps → Stress
Coriolus → Pilzbelastungen oder Parasiten

Dermatitis

Allgemein:
Hautentzündungen durch äußerliche Einwirkung, die die oberen und tieferen Schichten der Haut betreffen. Sekundärinfektionen durch Bakterien und Pilzen sind ebenfalls möglich.

Ursache:
Mechanische, thermische oder auch chemische Reize auf die Haut.

Sollte es auch tiefere Hautschichten betreffen, ist meist eine mechanische Einwirkung, ein sogenanntes Traumata, durch Scheuern, Kratzen oder Beißen ursächlich anzusehen.
Eine Resistenzschwäche der Haut, durch z.B. häufiges Waschen ist ebenfalls eine Ursache.
Weitere mögliche Ursachen sind mangelnde Pflege, Milben, Demodex und Mykosen.

Mykotherapie:
Hericium → optimale Versorgung von Haut- und Schleimhäuten
Chaga → Hauterkrankungen
Reishi → antientzündliche Wirkung
Coriolus → Demodex, Parasiten, Mykosen
ABM → Immunmodulation

Desmitis

Allgemein:
Hierbei handelt es sich um eine Fesselträgerentzündung beim Pferd die eine Verkrüppelung des Fesselträgers mit sich ziehen kann.

Ursache:
Degenerative Erkrankung des Fesselträgers.

Genfefekt, Zucht und Sport. Diese Ursachen sind leider weiterhin nur Vermutungen.

Mykotherapie:
Coriolus → antientzündliche Wirkung
Reishi → antientzündlich und schmerzlindernd

ABM → Gendisposition

Diabetes

Allgemein:
Hyperglykämie, Zuckerkrankheit

Ursache:
Hormonelle Dysregulationen, Progesteron und Östrogen im Zusammenhang mit der Läufigkeit, Morbus Cushing, Schilddrüsenerkrankungen, aber auch langanhaltende massive Fütterungsfehler, Rassedisposition und Übergewicht.

Mykotherapie:
Coprinus → rasche Senkung des Insulinspiegels → Beobachtung vor allem beim Typ I
Maitake → Regulation des Insulinspiegels Typ II und I
ABM → Regulation des Insulinspiegels
Diskopathie → siehe Bandscheibenvorfall

Druse

Bei der Druse handelt es sich um eine hochansteckende Infektionskrankheit der oberen Luftwege, die durch das Bakterium Staphylococcus equi ssp. ausgelöst wird.

Ursache:
Bakterielle Infektion durch Staph. equi ssp. Die Ansteckung erfolgt durch direkten Kontakt mit Maul und Nüstern, Halftern oder auch durch Bakterien behaftete Gegenstände wie Zaumzeug, Halfter, Tränkebecken und Futtertröge. Die Bakterien können auch durch den Menschen übertragen werden.

Mykotherapie:
CAVE! Mykotheraputisch können wir hier immer nur unterstützend arbeiten. Es muss IMMER ein Tierarzt hinzugezogen werden!

Coriolus → antibakterielle und antientzündliche Wirkung
ABM → Immunmodulation

Durchfall (Diarrhoe)

Allgemein:
Bei der Diarrhoe scheidet das Tier in sehr häufigen, kurzen Abständen eine Menge flüssigen Kot aus. Dieser kann über Wochen chronisch, aber auch über kurze Zeit akut auftreten.

Ursache:
Bakterielle Infektion, parasitäre Erkrankungen, Viren, aber auch Entzündungen der Bauchspeicheldrüse (Pankreatitis), Futterumstellungen, Futtermittelunverträglichkeiten und Futtermittelallergien, Vergiftungen, Stress, Erkrankungen der Leber, der Niere oder der Schilddrüse, Herzinsuffizienz, Tumore oder Unverträglichkeit auf Medikamente.

Mykotherapie:
Hericium → Regulation der Darmschleimhaut
Coriolus → antibakteriell, antiviral und antiparasitär
Reishi → Allergien und Unverträglichkeiten, antientzündliche Wirkung → wird in Kombination mit dem Hericium gegeben
Cordyceps → bei massivem Stress und Erkrankungen der Schilddrüse und/oder der Niere
Maitake → bei Erkrankungen der Leber und bei Medikamentenabusus
Reishi, ABM und Auricularia → Herzinsuffizienz

Durchblutungsstörungen

Allgemein:
Bei einer Durchblutungsstörung kommt es zur Verengung oder dem vollkommenen Verschluss von Blutgefäßen. Durchblutungsstörungen können sowohl chronisch als auch akut auftreten.

Ursache:
Verringerte Kreislauffunktionen und Stoffwechselvorgänge kommen meist bei alten Tieren vor und zählen zu den sogenannten Alterserscheinungen. Diese sind leider als „normal" anzusehen.

Ursächlich sind auch Diabetes, Arteriosklerose (Arterienverkalkung), erhöhte Blutfettwerte, Übergewicht, Bluthochdruck, Bewegungsmangel, falsche, nicht artgerechte Fütterung.

Mykotherapie:
Auricularia → Verbesserung der Fließeigenschaften des Blutes und Verbesserung der Sauerstoffaufnahme im Blut
Pleurotus → Senkung der Blutfettwerte, Lipide und Glukose im Blut
Shiitake → antiarteriosklerotische Wirkung
Reishi → antiarteriosklerotische Wirkung
Coprinus oder Maitake → Diabetes
Reishi und Shiitake → Bluthochdruck

Dysbakterie

Allgemein:
Bei einer Dysbakterie kommt es zu einer Verschiebung der normalerweise ausgewogenen Keimverhältnisse im Darm.

Ursache:
Verdorbenes Futter, Futtermittelunverträglichkeit und Futtermittelallergien, Medikamentenabusus, zu häufiges Entwurmen ohne nachgewiesenem Wurmbefall, mangelnde Hygiene bei der Fütterung, Vitamin- und/oder Spurenelementmangel, Verschiebung des pH-Wertes, Hypoglykämie bei Hundewelpen

Mykotherapie:
Hericium → Optimierung der Darmschleimhaut
Shiitake → Optimierung der Darmschleimhaut

Reishi in Kombination mit Hericium oder Shiitake → bei Vorliegen von Allergien

Beachte: Darmbakterien hinzufüttern!

Dyspnoe

Allgemein:
Unter Dyspnoe versteht man das angestrengte, erschwerte Atmen, das bis hin zur Atemnot führt.

Ursachen:
Reizungen des Atemzentrums durch z.B. Schimmelpilze, Bakterien, Viren, sehr hohe Ammoniakbelastung oder Pollen.

Chronische Bronchitiden und auch allergisch bedingtes Bronchialasthma führen ebenfalls zur Dyspnoe ebenso wie das Vorliegen von Lungentumoren oder einer Herzinsuffizienz.

Mykotherapie:
Cordyceps → verbesserte Atmung, erleichtertes Atmen
MP90 → Atmenerleichterung und zur Rekonvaleszenz
Coriolus → Schimmelpilze, Bakterien, Viren
Reishi → bei allergischen Ursachen
Reishi, Coriolus und Maitake → Lungentumore
Reishi, Auricularia und ABM → Herzinsuffizienz

Ehrlichiose

Allgemein:
Bei der Ehrlichiose – auch Zeckenfieber genannt – handelt es sich um eine akute, aber auch chronische Infektionserkrankung, bei der die Erreger vor allem die weißen Blutkörperchen befallen. Sie ist eine sogenannte Mittelmeerkrankheit.

Ursache:
Infektion mit dem Bakterium Ehrlichia canis (Rickettsien), vor allem nach Biss durch die braune Hundezecke. Die Infektion tritt bereits 3-4 Stunden nach dem Biss auf.

Eine Verhütung kann nur durch regelmäßige Kontrolle und das sofortige Entfernen von Zecken erfolgen.

Mykotherapie:
Coriolus, → antibakteriell
Cordyceps → antibakteriell
ABM → hohe Immunmodulation

Ektoparasiten

Hierbei handelt es sich um einen Befall der Haut durch sogenannte Schmarotzer. Man unterscheidet zwischen auf und in der Haut lebenden Parasiten sowie zwischen Parasiten, die ständig auf dem Wirt leben und solchen, die diesen nur zur kurzen Nahrungsaufsuche befallen.

Derartige Schmarotzer sind Zecken, Milben, Haarlinge, Läuse und Flöhe.

Ursache:
Resistenzschwäche, Immunschwäche, mangelhafte Pflege, Mangelerscheinungen, Zustand nach Allgemeinerkrankungen, z.B. nach Befall von Endoparasiten und Stress

Mykotherapie:
Coriolus → antiparasitäre Wirkung
Hericium → optimale Versorgung von Haut und Schleimhäuten
ABM → Immunmodulation

Ekzem

Unter einem Ekzem versteht man eine Zusammenfassung unterschiedlicher Formen von oberflächlichen Hautentzündungen. Deren Heilung verläuft in der Regel ohne Narbenbildung.

Ursache:
Allergien (auch Futtermittelallergien), Schmutzpartikel (vor allem in Bereichen, die leicht verschmutzen wie Schweif, Fesselbeuge, der Rücken langhaariger Tiere, Mähne und Gehörgänge).

Ausscheidungsprodukte von Ektoparasiten können ebenso als Ursache in Frage kommen wie Pollen, Schimmelpilze und Staub sowie Bestandteile von Impfstoffen, Arzneimitteln, Waschmittel, Konservierungsmittel und Imprägniermittel.

Mykotherapie:
Hericium → optimale Versorung von Haut- und Schleimhäuten
Reishi → antiallergische Wirkung
ABM → Immunmodulation
Coriolus → antiparasitäre Wirkung

Endometritis (Pyometra)

Allgemein:
Bei der Endometritis – auch Pyometra genannt – handelt es sich um eine Entzündung der Gebärmutterschleimhaut mit einhergehender Eiteransammlung im Uterus. Diese Erkrankung erfordert auf jeden Fall eine sofortige tierärztliche Behandlung.

Ursachen:
Nachgeburtsverhaltung, Hygienemängel bei der Geburt, Verschmutzung der Scheide während des Deckaktes, Immunschwäche durch Haltungsfehler, Hygiene- und Pflegemängel, nicht artge-

rechte Fütterung, auch häufig im Anschluss an eine Läufigkeit auftretend.

Bei den Bakterien handelt es sich meist um Streptokokken, Staphylokokken, Pseudomonas, Klebsiellen oder auch e-coli.

Mykotherapie:
Coriolus → antibakterielle Wirkung
Cordyeps → antibakterielle Wirkung und hormonelle Regulation
ABM → Immunmodulation
Reishi → Immunmodulation und antientzündliche Wirkung

Endoparasiten

Allgemein:
Bei einem Parasitenbefall der inneren Organe sprechen wir von Endoparasiten. Wir unterscheiden zwischen Helminthen (Würmern) und Protozoen.

Befallen werden meistens Magen, Darm, Lunge, Leber, Muskulatur sowie Bänder und Gefäße.

Typische Krankheitsbilder sind Durchfall, Anämien und Entzündungen.

Ursache:
Meist werden Tiere befallen, die eine schlechte Abwehrlage haben, auch Jungtiere sind häufig betroffen. Dysbiosen.

Mykotherapie:
Coriolus → antiparasitäre Wirkung
Hericium → Aufbau einer gesunden Darmschleimhaut
Shiitake → Aufbau einer gesunden Darmschleimhaut vor allem bei Jungtieren
ABM und/oder Shiitake → Immunmodulation

Enteritis

Allgemein:
Bei der Enteritis handelt es sich um eine Entzündung des Dünndarms mit oder ohne Beteiligung des Magens oder des Dickdarms.

Ursachen:
Unterkühlung durch z.B. Schneefressen, Fütterungsfehler, Bakterien, Viren, Leukosen und Mykosen (bei falscher oder zu langer Antibiotikagabe), aber auch durch Dysbiosen und Endoparasitenbefall.

Mykotherapie:
Coriolus → antibakteriell, antiviral und antimykotisch
Hericum → optimaler Aufbau der Darmschleimhaut
Chaga → bei allen Magen-Darm-Erkrankungen
Reishi → antientzündlich
Coriolus → bei Endoparasitenbefall zur unterstützenden Therapie

Entropium (Rolllid)

Allgemein:
Bei einem Entropium können sowohl das Unter- als auch das Oberlid betroffen sein. Das Lid rollt sich teilweise oder über die gesamte Länge nach innen ein.

Betroffen sein können Hunde, Katzen, Kaninchen und Pferde.

Ursachen:
Genetik, Rassedisposition, kurznasige Rassen wie Mops, Bullys und Pekinese, Narben durch Verletzungen, Augenerkrankungen, altersbedingte Bindegewebsschwäche des Lides.

Mykotherapie:
ABM → Genetik
Pleurotus → Narbenbildungen auch am Auge

Auricularia → Bindegewebsschwäche und Augenerkrankungen
Shiitake → Augenerkrankungen

EOTRH

Allgemein:
Bei der EOTRH – „Equine Odontoclastic Tooth Resorption and Hypercementosis" – handelt es sich um eine immer noch relativ unerforschte Erkrankung des Zahnhalteapparates mit einhergehender Hyperzementierung. Es kommt beim Pferd oft zu schmerzhaften Entzündungen im Kiefer auch mit Zahnverlust. Betroffen sind meist die Schneidezähne.

Ursache:
Die Ursachen sind bis heute nicht geklärt. Als Auslöser wird aber eine massive mechanische Belastung der Schneidezähne vor allem beim alten Pferd diskutiert.

Ebenso vermutet man eine mangelhafte Durchblutung sowie genetische Dispositionen. Diskutiert wurde auch das Vorliegen von Schilddrüsenerkrankungen als mögliche Ursache sowie ein langfristiger Mineralienmangel.

Mykotherapie:
Cordyceps → bei Schilddrüsenerkrankungen
ABM → Genetik
Auricularia → Durchblutungsstörungen
Coriolus → antientzündlich
Shiitake und Maitake → Stärkung des Kieferknochens

Fesselringbandsyndrom

Beim Fesselringbandsyndrom wird zwischen primärem und sekundärem Fesselringbandsyndrom unterschieden. Beim primären Fesselringbandsyndrom handelt es sich um eine Verkürzung oder

Verdickung des Ringbandes, was wiederum Druck auf die oberflächliche Beugesehne und die Sehnenscheide ausübt. Oberflächliche Sehnen können durch diesen Druck nekrotisch werden und absterben und damit die Sehne auffasern.

Beim sekundären Fesselringbandsyndrom sind die Beugesehnen entzündet und verdickt. Aufgrund dieser Entzündung werden die Sehnen in diesem Bereich eingeschnürt und gequetscht. Auch hier sind die Sehnenscheiden in Mitleidenschaft gezogen.

Ursachen:
Genetik, Überdehnung des Fesselbereiches, Schlagen der Hufe gegen die Boxenwand, Springpferde (hartes Aufschlagen auf den Boden)

Mykotherapie:
Auricularia → Durchblutungsförderung
Coriolus → antientzündlich
Reishi → antientzündlich und schmerzlindernd
Pleurotus → Entspannung der Sehnen
Fettstoffwechselstörung (Hyperlipidämie)

Fettstoffwechselstörung (Hyperlipidämie)

Hierbei handelt es sich um eine Erkrankung, die mit einer Erhöhung der Blutfettwerte einhergeht.

Ursachen:
Übergewicht, Stress, Überernährung, Diabetes, hohe Zufuhr von gesättigten Fettsäuren, mangelnde Zufuhr an Ballaststoffen, Bewegungsmangel, Schilddrüsenunterfunktion und Niereninsuffizienz

Mykotherapie:
Pleurotus → Senkung der Blutfettwerte
Champignon → Senkung der Blutfettwerte

Reishi → Regulation der Blutwerte
Shiitake → Regulation der Blutwerte

Cordyceps → bei Schilddrüsen- und Nierenerkrankungen
Coprinus oder Maitake → Diabetes mellitus

FIP (Feline Infektiöse Peritonitis)

Bei der Felinen infektiösen Peritonitis handelt es sich um eine durch das feline Coronavirus ausgelöste Infektionserkrankung, die hauptsächlich Katzen befällt. In der Regel manifestiert sich die Erkrankung in einer Bauchfellentzündung.

Ursache:
Als Ursache gilt der oben genannte Coronavirus. Die Übertragung erfolgt vor allem durch Kontakt mit infiziertem Kot. Menschen können das Virus auf Katzen übertragen und infizierte Katzen übertragen wiederum das Virus auf ihre Kitten, können das Virus aber bereits im Mutterleib übertragen.

Mykotherapie:
Coriolus → antientzündliche und antibakterielle Wirkung
ABM → hohe Immunmodulation
Shiitake → Immunmodulation bei Kitten

Fohlenlähme

Allgemein:
Bei der Fohlenlähme handelt es sich um eine Infektion des neugeborenen oder sehr jungen Fohlens. Das Hauptsymptom ist die Lahmheit.

Ursachen:
Als Ursache gilt der Erreger Actinobacillus equuli. Da die Mutter den Erreger sowohl im Darm als auch im Nasen-Rachen-Bereich

tragen kann, erfolgt die Infektion oftmals schon intrauterin oder kurz nach der Geburt.
Es muss eine sofortige Tierärztliche Betreuung stattfinden.

Mykotherapie:
Coriolus → antibakterielle Wirkung
Shiitake → Immunmodulation des Fohlens

FORL (Feline Odontoklastische Resorptive Läsionen)

Allgemein:
Bei FORL handelt es sich um resorptive Läsionen der Zähne, einhergehend mit Schmerzen.

Ursachen:
Die Ursachen sind bis heute relativ unbekannt, man geht jedoch von chronischen Entzündungen des

Zahnhalteapparates aus (Zahnfleisch, Wurzelzement, Kieferknochen und Parodontalfasern). Zum anderen sind auch Störungen im Calciumhaushalt sowie Viren und Stress im Gespräch.

Mykotherapie:
Coriolus → antientzündliche und antivirale Wirkung
Cordyceps → Stress
Hericium → Verbesserung des Zahnfleisches und der Schleimhaut
Maitake und Shiitake → Verbesserung der Knochendichte des Kieferknochens

Frakturen (Knochenbrüche)

Allgemein:
Knochenbruch

Ursache:
Direkte oder indirekte Gewalteinwirkung auf den Knochen, permanente, leichte Überlastung, die zu Mikrotraumen, später zu Fissuren und dann zu Brüchen führen kann.
Lokal auch nach Zysten, Tumoren und Unterversorgung der Knochensubstanz

Mykotherapie:
Maitake und Shitake in Kombination → Verbesserung der Knochendichte, Stärkung von Knochen und Muskulatur

Furunkulose

Bei der Furunkulose handelt es sich um eine Hauterkrankung ausgehend von einer Haarbalg- oder Talgdrüsenentzündung.
Hierbei kann es im fortgeschrittenen Stadium zur Ausreifung von Abszessen kommen.

Ursache:
Eitererreger wie Staphylokokken und Streptokokken, Liegeschwielen, Pyodermien oder Demodikosen

Mykotherapie:
Coriolus → antibakterielle Wirkung, antiparasitäre Wirkung
Hericium → optimale Versorgung von
Haut- und Schleimhäuten

Gastritis

Allgemein:
Entzündung der Magenschleimhaut

Ursachen:
Fütterungsfehler, Haarbälge, Schneefressen, Medikamentenabusus, Koppen, Hyperazidität, auch bei Erkrankungen wie Leukose, Staupe, Parvo sowie Bakterien und Viren.

Mykotherapie:
Chaga → bei allen Magen /Darm Erkrankungen wichtig
Hericium → Schleimbildner wirkt auch gegen Helicobacter pyl.
Reishi → antientzündlich → optimaler Synergist zum Hericium
Coriolus → bei bakteriellem oder viralem Infekt

Gingivitis

Allgemein:
Von einer Gingivitis spricht man, wenn sich das Zahnfleisch teilweise oder auch ganz entzündet.

Ursachen:
Zahnstein → Bildung von Bakterien, schlechte Hygiene, Genetik, Rassedisposition, spielen mit Steinen und Stöcken, aber auch ausschließliches Füttern von Weichfutter.

Mykotherapie:
Coriolus → antientzündlich
Hericium → versorgt die Schleimhaut optimal
ABM → Immunmodulation

Glaukom

Das Glaukom – auch Grüner Star genannt – bezeichnet die Erhöhung des Augeninnendruckes.

Ursachen:
Primärglaukom → hier werden in der Regel keine anderen Grunderkrankungen gefunden. Meist also Rassedisposition mit Verengung des Kammerwinkels oder des Abflusses.

Sekundärglaukom → Linsenluxation, degenerative, altersbedingte Schwäche, Traumata, periodische Augenentzündungen, rez. Entzündungen im inneren Auge

Mykotherapie:
Auricularia→ bessere Versorgung des Auges
Shiitake → generell bei Augenerkrankungen
Coriolus → rez. Entzündungen des inneren Auges

Hämaturie

Allgemein:
Von einer Hämaturie spricht man, wenn sich Blut im Harn des Tieres findet.

Ursachen:
Blasenentzündung, Verletzung der Blase z.B. durch Harnsteine, Blutgerinnungsstörung z.B. durch Rattengiftaufnahme (sofortiger Besuch des Tierarztes)

Mykotherapie:
Coriolus → antientzündlich, antiviral und antibakteriell
Shiitake → generell bei Blasenentzündungen
Polyporus → Spülung der Blase

Hahnentritt

Allgemein:
Als Hahnentritt bezeichnet man eine Bewegungseinschränkung der Hinterbeine beim Pferd. Hierbei werden die Beine ruckartig angezogen und wieder auf den Boden gesetzt.

Ursachen:
Nervenschädigungen, Nervenentzündungen, Muskelentzündungen, Weidevergiftungen, aber auch als Folgeerkrankung bei Spat oder Rückenmarkserkrankungen

Mykotherapie:
Hericium → bei allen Arten von Nervenerkrankungen und Nervenbeteiligungen
Maitake → Unterstützung der Muskulatur
Coriolus → antientzündlich
Reishi → antientzündlich

Hengstverhalten

Massives Sexualverhalten, das allerdings auch Stuten und Wallache betreffen kann.

Ursachen:
Störung der hormonellen Steuerung, Zysten in den Ovarien, späte Kastration, Rosse der Stuten (Wallache werden dann in der Herde oftmals aggressiver den Artgenossen gegenüber), unvollständige oder fehlerhafte Kastration.

Mykotherapie:
Cordyceps → Regulation des hormonellen Systems
Auricularia → bei Zysten
Coriolus → Regulation des hormonellen Systems

Hepathopathien → siehe Lebererkrankungen

Hepathosen → siehe Lebererkankungen

Herpes

Allgemein:
Eine Herpesinfektion erfolgt in der Regel immer durch direkten Schleimhautkontakt infizierter Tiere, z.B. durch Maul und Nase (Belecken und Beschnuppern), aber auch durch den Deckakt.

Während bei älteren Tieren meist nur Atemwegsproblematiken hervorgerufen werdem, kann es bei Jungtieren sogar zu einem tödlichen Verlauf kommen. Dies ist vor allem bei Welpen bekannt (infektiöses Welpensterben).

Herpesviren werden in der Regel sehr lange im Organismus getragen und sind hochansteckend.

Eine unterstützende Therapie mit Vitalpilzen sollte immer mindestens 3 Monate betragen.

Ursachen:
Herpesviren

Mykotherapie:
Coriolus → wird generell bei allen Arten von Herpesviren eingesetzt → antivirale Wirkung
ABM → Hohe Immunmodulation

Haarausfall/Fellwechselstörung

Störungen des Fellwechsels deuten in der Regel auf eine Stoffwechselstörung sowie auf eine Schwäche des Hautstoffwechsels hin.

Ursachen:
Zeiten des Fellwechsels → hohe Anforderung an den Stoffwechsel, Fütterungsfehler, Erkrankungen, Pilzinfektionen, Parasiten und auch Allergien

Mykotherapie:
Polyporus → verbesserter Fell- und Haarwuchs
Hericium → Haut- und Schleimhautregulator
Pleurotus → Regulation des Stoffwechsels
Reishi → Regulation des Fettstoffwechsels
Shiitake → Regulation des Stoffwechsels und des Immunsystems

Herbstgrasmilben/Grasmilben

Allgemein:
Grasmilben und Herbstgrasmilben zählen zu den Parasiten, die beim Tier Entzündungen der Haut hervorrufen können.

Die Larven der zu der Gattung der Spinnentiere gehörenden Milben sitzen auf bodennahen Pflanzen und Gräsern. Sie bohren sich in die Haut des befallenen Tieres und ernähren sich dort von deren Blut. Menschen sind nicht gefährdet.

Ursachen:
Durch Grasmilben können in der Regel Allergien ausgelöst werden. Immunschwäche und Dysbiosen können ursächlich für die Ausbildung von Allergien angesehen werden.

Mykotherapie:
Coriolus → antiparasitäre Wirkung
Reishi → antiallergische Wirkung
Hericium → bei Dysbiosen und Hautproblemen
ABM → Immunmodulation und gegen ein überschießendes Immunsystem

Herzerkrankungen

Allgemein:
Unter folgender Rubrik werden verschiedene Erkrankungen des Herz-Kreislaufsystems erörtert.

Herzinsuffizienz
Die Herzinsuffizienz ist eine ungenügende Herzleistungsfähigkeit, die zu einer ungenügenden Blutmengenförderung in den nötigen Zeiteinheiten führt.

Myokarditis
Vor allem durch Bakterien hervorgerufene Entzündung des Myokards

Herzrhythmusstörung
Störung der Erregungsleitung, sogenannte Extrasystolen

Klappendefekte
Entzündliche Veränderungen der Herzklappen,
Klappeninsuffizienz → Überforderungen des Herzens führen zu einer Verringerung der Herzkontraktionskraft und häufig auch zu Störungen der Reizüberleitung

Mykotherapie:
Reishi, ABM und Auricularia → Herzinsuffizienz
Reishi und Coriolus → Myokarditis
Cordyceps oder Reishi → Herzrhythmusstörungen
Reishi und ABM → Klappendefekte
Auricularia → durchblutungsfördernde Wirkung
Cave! Bitte beachten Sie, dass jegliche Herzerkrankungen immer von einem Therapeuten begleitet werden müssen!

Hüftdysplasie

Allgemein:
Durch eine zu flach angelegte Hüftpfanne entsteht in der Regel eine mangelnde Übereinstimmung zwischen der Gelenkpfanne und dem Gelenk- bzw. Femurkopf. Dadurch bedingt kommt es zu einer Instabilität und einer unzureichenden Belastungsfähigkeit des Hüftgelenks, was oftmals auch zu Gewebsreaktionen führen kann.

Ursachen:
Genetik, Rassedisposition, extreme Steilstellung oder Winkelung der Hinterbeine, unterentwickelte Beckenmuskulatur

Mykotherapie:
Am Bestehen einer HD können wir natürlich mykotherapeutisch nichts ändern, jedoch können wir den Patienten in Bezug auf Folgeschäden, Arthrosen und Arthritiden unterstützen:
Maitake und Shiitake → Stärkung von Muskulatur und Knochen
Reishi → bei entzündlichen Reaktionen des umgebenden Gewebes
Coriolus → ebenfalls bei entzündlichen Reaktionen
Pleurotus → Unterstützung Bänder und Sehnen

Hufrehe

Allgemein:
Hochschmerzhafte Entzündung der Huflederhaut, bis hin zur Beeinträchtigung des Huftrageapparates und zu Sohlendurchbrüchen mit Ausschuhen.
Man unterscheidet zwischen Geburtsrehe, Fütterungsrehe und Medikamentenrehe.

Die Behandlung bleibt im Akutfall erst einmal immer gleich.

Ursachen:
Alter, Übergewicht, Jahreszeit, Rassedisposition, Extremitätenfehlstellungen, Geburten, Fütterungsfehler und Medikamentengaben (Cortison)

Mykotherapie:
Auricularia und Shiitake → Soforthilfe zur besseren Durchblutung
Reishi → Förderung der Durchblutung (Auricularia steht hier jedoch an erster Stelle!)
Coprinus → EMS mit starkem Übergewicht
Maitake → EMS bei normalem Gewicht
Pleurotus → bei Stoffwechselstörungen

Hufrollenentzündung (Podotrochlose)

Allgemein:
Hierbei handelt es sich um eine entzündliche, degenerative Erkrankung der Hufrolle und des Hufes.

Ursachen:
Überbeanspruchung und Überlastung der Hufrolle, Hufdeformationen und Fehlstellungen der Hufe, enge Trachten, Nährstoffmängel in der Aufzucht.

Mykotherapie:
Reishi → antientzündlich
Coriolus → antientzündlich
Maitake und Shiitake → Stärkung von Muskulatur und Knochen

Hyperthyreose

Allgemein:
Hierbei handelt es sich um eine Schilddrüsenüberfunktion mit übermäßiger Hormonproduktion.

Ursachen:
Übermäßige Gabe von Schilddrüsenhormonen, Schilddrüsentumore, gestörter Schilddrüsenfunktionskreis mit Überproduktion von TSH

Beachten: Bitte lassen Sie immer alle Schilddrüsenwerte kontrollieren (T4, T3 und TSH canin gesamt).

Mykotherapie:
Cordyceps → Regulation des hormonellen Systems
ABM → bei allen Autoimmunerkrankungen und zur Regulation der Schilddrüse
Shiitake → Schilddrüsenunterstützung vor allem bei Schilddrüsentumoren in Verbindung mit ABM und Cordyceps

Hypokaliämie

Allgemein:
Hierbei handelt es sich um eine Elektrolytstörung, die mit zu wenig Kalium im Blut einhergeht.

Ursachen:
Übermäßiger Wasserverlust aufgrund von Durchfällen oder massivem Erbrechen, Medikamente zur Entwässerung, Schwankungen des Säure-Basen-Haushaltes

Mykotherapie:
Shiitake → enthält von allen Vitalpilzen am meisten Kalium
Hericium → zur Verbesserung des Säure-Basen-Haushaltes

Hypothyreose

Allgemein:
Hierbei handelt es sich um eine Schilddrüsenunterfunktion mit einer insuffizienten Hormonproduktion.

Beachte: Bitte lassen Sie immer alle Schilddrüsenwerte kontrollieren (T3, T4 und TSH canin gesamt).

Ursachen:
Hypoplasie der Schilddrüse, Ernährungsfehler, Röntgenstrahlung und Jodmangel, tumoröse Veränderungen der Schilddrüse, Störungen der Hypophyse

Mykotherapie:
Cordyceps → Regulation der Schilddrüse
ABM → bei allen Autoimmunerkrankungen und Schilddrüsenerkrankungen

Shiitake → bei Schilddrüsentumoren in Kombination mit Cordyceps und ABM

Immunsschwäche
Eine Immunschwäche ist die verminderte Fähigkeit des Organismus, Infektionen und Krankheiten abzuwehren.

Ursachen:
Genetik, Mangelernährung, Vitaminmangel, Autoimmunerkrankungen

Mykotherapie:
ABM → höchster Immunmodulator unter allen Vitalpilzen
ABM → bei allen Arten von Autoimmunerkrankungen
Reishi → Immunmodulation
Shiitake → Immunmodulation vor allem bei Jungtieren

Impotenz

Allgemein:
Beeinträchtigung der Libido und Unvermögen den Deckakt durchzuführen.

Ursachen:
Störung der hormonellen Steuerung, neuroendokrine Imbalancen, psychosomatische Störungen und auch Organdysfunktionen

Mykotherapie:
Cordyceps → Regulation des hormonellen Systems
Coriolus → Regulation des hormonellen
Cordyceps → Unterstützung des Psychovegetativums

Juckreiz (Pruritus)

Allgemein:
Ein prickelndes oder auch stechendes Gefühl auf der Haut verursacht Juckreiz – auch Pruritus genannt.

Ursachen:
Allergien, Parasiten, Pflanzen- und Insektengifte, Waschmittel und auch Medikamente

Mykotherapie:
Reishi→ histaminhemmende und damit auch Juckreiz stillende Eigenschaften
Hericium→ optimale Versorgung der Haut

Katarakt

Allgemein:
Unter Katarakt versteht man eine krankhafte Veränderung der Linse des Auges – auch Grauer Star genannt. Die Veränerung der Linse geht mit einer starken Trübung einher.

Ursachen:
Rassedisposition, Alterserscheinung, Uveitis, Missbildung der Netzhaut, Stoffwechselerkrankungen, Diabetes

Mykotherapie:
Auricularia → optimale Versorgung des Auges
Shiitake → generell bei Grauem Star

Katzenschnupfen

Allgemein:
Hochgradig infektiöse Erkrankung des oberen Respirationstraktes bei der Katze. Virusschnupfen oder auch Feline Rhinotracheitis.

Ursachen:
Ursache kann z.B. ein vorausgegangener Feliner Herpes sein, aber auch Feline Caliciviren sowie Rickettsien, schlechte Immunabwehr.

Mykotherapie:
Coriolus → antiviral
ABM → Immunmodulation
Shiitake → Immunmodulation beim Jungtier

Kehlkopfentzündung (Laryngitis)

Allgemein:
Erkrankung des Rachenraumes, einschließlich des Kehlkopfes

Ursachen:
Reizung des Kehlkopfes, z.B. durch Viren oder Bakterien, Rauch oder Abgase, Überreizung der Stimmbänder durch z.B. ständiges Bellen, Kälte, Speiseröhrenentzündungen

Mykotherapie:
Coriolus → antiviral, antibakteriell
Reishi → antientzündlich
Hericium → Schleimhautreizungen durch z.B. vermehrtes Bellen
Shiitake oder ABM → Immunmodulation

Kokzidiose
Bei der Kokzidiose handelt es sich um eine parasitäre Erkrankung, die mit Duchfällen einhergeht.

Ursachen:
Cystoisospora canis, C. ohiosensis, C. burrowsi und C. canis zählen zu den Krankheitserregern, Zuchtstätten und Immunschwäche.

Mykotherapie:
Coriolus → antiparasitäre Wirkung
ABM → Immunmodulation
Hericium → Aufbau einer gesunden Darmschleimhaut
Shiitake → Aufbau einer gesunden Darmschleimhaut beim Jungtier

Kolik

Allgemein:
Schmerzhafte Zustände im Bereich des Abdomens. Zu unterscheiden sind Krampfkoliken, Anschoppungskoliken, Verdrehung (sofortige Behandlung in der Tierklinik) und auch Magenüberladung.

Ursachen:
Nicht artgerechte Fütterung, Fehlfunktion des vegetativen Nervensystems, Gifte und Fremdkörper, aber auch massive Verwurmung

Mykotherapie:
Reishi → antientzündlich, schmerzlindernd
Hericium → Magen-Darm-Trakt
Chaga → Magen-Darm-Trakt
Hericium → vegetatives Nervensystem

Konjunktivitis

Allgemein:
Unter einer Konjunktivitis versteht man eine Lidbindehautentzündung.

Ursachen:
Reizung durch Staub, Zugluft, Abgase, Ektropium oder Entropium, Pollen → Allergie, mangelnde Tränenflüssigkeit, Vitamin-A-Mangel

Mykotherapie:
Reishi → antiallergische Wirkung

Hericium → mangelnde Tränenflüssigkeit
Coriolus → antiviral, antientzündlich

Koppen

Unter Koppen verstand man ursprünglich eine Verhaltensstörung des Pferdes: Durch Anspannung der unteren Halsmuskulatur zum Öffnen des Schlundkopfes strömt Luft durch die Speiseröhre ein. Dabei kann man ein deutlich hörbares „Rülpsen" vernehmen.

Jedoch haben klinische Studien ergeben, dass 80% der Kopper an einem Magengeschwür leiden, das also ebenso als Ursache angesehen werden kann.

Ursachen:
Magengeschwüre, Übersäuerung, fehlender Kontakt zu Artgenossen, mangelnde Bewegung, mangelnde Raufuttergaben

Mykotherapie:
Hericium → Psychovegetativum
Hericium → bei Magenschleimhautentzündungen und Magengeschwüren

Chaga → Magengeschwüre
Reishi → in Kombination mit dem Hericium bei Gastritiden
Cordyceps → Psychovegetativum und Stress

Kreuzbandriss

Allgemein:
Der Kreuzbandriss ist der vollständige Riss mindestens eines der beiden Kreuzbänder.

Ursachen:
Altersbedingt, Traumata, Verletzungen, Übergewicht, Kniescheibenverlagerungen und Zustand nach Arthritis

Mykotherapie:
Maitake und Shiitake → Stärkung der Muskulatur und Knochen
Pleurotus → für Bänder und Sehnen

Kreuzverschlag

Allgemein:
Stark schmerzhafte Entzündung der Rückenmuskulatur

Ursachen:
Stoffwechselstörung, Aufnahme von zu viel Kohlehydraten, Übersäuerung der Muskulatur, Bewegungsmangel bei zu viel Fütterung von Kohlehydraten

Mykotherapie:
Pleurotus → Stoffwechselstörungen
Champignon → Stoffwechselstörungen
Maitake → Unterstützung der Muskulatur
Reishi → antientzündlich und schmerzlindernd

Laminitis → siehe Hufrehe

Laryngitis → siehe Kehlkopfentzündung

Lebererkrankungen (Hepatopathien)

Allgemein:
Unter Hepathopathien versteht man allgemeine Lebererkrankungen, die sowohl entzündlicher Art (Hepatitis) als auch nichtentzündlicher Art (Hepatosen) sein können.

Hepatopathien können auch mit lokaler oder diffuser Leberschädigung einhergehen.

Ursachen:
Infektiös durch z.B. Viren (Herpesviren), FIP, Leptospirose, Listeriose, Bakterien (z.B. Pasteurellen, E.coli, Staphylokokken oder Streptokokken), auch Parasiten wie Leberegel, Strongyliden, Askariden oder Echinokokken, durch Toxine

Mykotherapie:
Reishi → zur Leberentgiftung und Stärkung
ABM → bei degenerativen Lebererkrankungen
Maitake → zum Leberschutz
Coriolus → antientzündlich, antiparasiär, antiviral und antibakteriell

Lebertumor

Allgemein:
Die Mykotherapie kann bei allen Arten von Lebertumoren lediglich unterstützend eingesetzt werden. Eine Tierärztliche Versorgung ist unumgänglich!

Ursachen:
Rassedisposition, Alter, falsche Ernährung oder vorhergehende rezidivierende Lebererkrankungen

Mykotherapie:
Maitake, Reishi und ABM in Kombination

Leptospirose

Allgemein:
Eine durch Leptosiren ausgelöste Infektionskrankheit. Hierbei handelt es sich um eine meldepflichtige Zoonose!

Ursache:
Leptospiren werden von infizierten Tieren mit dem Urin ausgeschieden. Dabei handelt es sich meist um Ratten, Mäuse sowie andere Nagetiere. Aber auch Hunde können Leptospiren übertragen.

Für den Hund erfolgt die Ansteckung meist durch das Baden in alten oder infizierten Gewässern, aber auch durch das Trinken aus stehenden Gewässern, vor allem aus Pfützen. Auch durch Bisse von infizierten Artgenossen oder durch Hautläsionen beim Deckakt mit infizierten Artgenossen kann sich das Virus verbreiten.

Mykotherapie:
Coriolus → antibakteriell und antientzündlich
ABM → höchster Immunmodulator

Leukämie (lymphatische Leukämie)

Allgemein:
Der weiße Blutkrebs ist eine der häufigsten, meist tödlich verlaufenden Krebserkrankung beim Tier. Die Tiere zeigen sich meist apathisch, schwach und appetitlos bis hin zur drastischen Gewichtsabnahme.

Ursache:
Rassedisposition, eine virale Ursache wird bis heute noch diskutiert.

Mykotherapie:
ABM, Shiitake, Cordyceps in Kombination mit Champignon → grundsätzlich zur Untestützung

Leukopenie (Leukozytopenie)

Allgemein:
Hierbei handelt es sich um eine Verminderung der weißen Blutkörperchen, die entweder vom Körper zu schnell abgebaut oder zu wenig gebildet werden. Die Abwehrfähigkeit des Organismus wird dadurch gesenkt, und das Risiko an einer Infektionskrankheit zu erkranken erhöht.

Ursachen:
In der Regel mit Fieber einhergehende Infektionen

Mykotherapie:
Shiitake → Regulation der weißen Blutkörperchen
ABM → Immunmodulation

Luftsackmykose, Luftsackerkrankungen

Allgemein:
Entzündung der Luftsackschleimhaut, die sowohl akut als auch chronisch verlaufen kann.

Ursachen:
Fremdkörper, Zustand nach Pharyngitis oder Rhinitis, Virusinfektionen, bakterielle Infektionen, bei Druse nach Durchbruch in den Luftsack, aber auch Pilze

Mykotherapie:
Coriolus → antiviral, antibakteriell
Coriolus → Luftsackmykose → antimykotisch
ABM → Immunmodulation

Shiitake → Immunmodulation beim Jungtier

Lungenemphysem → siehe auch COB/COPD

Allgemein:
Überdehnung der Lungenbläschen → siehe auch COB/COPD

Lymphangitis

Allgemein:
Entzündung der Lymphgefäße durch Wundinfektion, auch nach lokaler Bursitis oder Fisteln
Differentialdiagnose: Einschuss

Ursachen:
Hautläsionen, die als Eintrittspforte für Bakterien fungieren

Mykotherapie:
Coriolus → antibakteriell, antientzündlich
Reishi → antientzündlich
Polyporus → Lymphfluss anregend
Lymphom → siehe auch Leukämie
Magenschleimhautentzündung → siehe Gastritis

Magengeschwür (Ulcus)

Allgemein:
Hierbei handelt es sich um einen lokalisierten Defekt der Magenschleimhaut.

Ursachen:
Chron. Entzündungen (Gastritiden), Bakterien (Helicobacter pylori), zu viel Magensäure, Stress

Mykotherapie:
Chaga → allgemein bei Magengeschwüren
Hericium → Schleimbildner → Schutz der Magenschleimhaut
Reishi → antientzündlich
Shiitake → Schleimhautschutz
Hericium → bei Helicobacter pylori
Champignon → bei Helicobacter
Cordyceps → Stress

Malassezia → siehe auch Mykosen

Mandelentzündung (Tonsillitis)

Allgemein:
Entzündung der Gaumenmandeln

Ursachen:
Körpereigene Abwehrschwäche (vor allem bei Welpen, aber auch bei Senior-Tieren), Rassedisposition durch enge, anatomische Verhältnisse (vor allem beim Boxer und Bully), Viren und Bakterien

Mykotherapie:
Coriolus → antibakteriell, antiviral
Reishi → antientzündlich
ABM → Immunmodulation
Shiitake → Immunmodulation beim Jungtier
Polyporus → Anregung des Lymphflusses

Mastitis

Entzündung der milchführenden Gänge, Euterentzündung

Ursachen:
Stoffwechsel, Zitzenanomalien, Verletzungen durch massives Besaugen, Melkverletzungen, mangelhafte Melkhygiene, Nährstoffmangel, nach akuten Infektionskrankheiten

Mykotherapie:
Coriolus → antibakteriell, antientzündlich
Reishi → antientzündlich
Shiitake oder ABM → Immunmodulation

Mauke (Dermatitis)

Allgemein:
Bakterielle Hautentzündung der Fesselbeuge

Ursachen:
Milbenbefall (Chorioptesmilbe), Nässe, Tausalz, Urin, schlechte Haltungsbedingungen, auch Futtermittelallergien

Mykotherapie:
Coriolus → bei Milbenbefall
Hericium → Dermatitiden
Reishi → antientzündlich, Immunmodulation
Reishi → Futtermittelallergien
Chaga → Dermatitiden

Melanome
Unter einem Melanom versteht man sowohl eine gutartige (benigne) als auch bösartige (maligne) Geschwulst am oder im Körper des Tieres.

Ursachen:
Veranlagung, Rassedisposition, Sonneneinstrahlung (Strahlenschäden)

Mykotherapie:
Reishi → bei Strahlenschäden → Strahlenschutz
Maitake und Shiitake → in Kombination bei Melanomen

Milbenbefall

Allgemein:
Parasiten beim Tier. Zu den Anzeichen eines Milbenbefalls zählen Juckreiz, Papeln, Pusteln, Rötungen, Schuppen und Haarausfall. Milbenarten: Grasmilbe, Herbstgrasmilbe, Demodexmilbe, Räudemilbe, Haarbalgmilbe, Ohrmilben

Ursachen:
Abwehrschwäche, Rassedisposition und falsche Ernährung

Mykotherapie:
Coriolus → antiparasitäre Wirkung
ABM → Immunmodulation
Shiitake → Immunmodulation beim Jungtier
Reishi → antiallergisch, Juckreiz stillend

Mikrozirkulationsstörung

Allgemein:
Durchblutungsstörungen

Ursachen:
Herzerkrankungen, fortgeschrittenes Alter

Mykotherapie:
Auricularia → Verbesserung der Fließeigenschaften des Blutes, bessere Versorgung des Blutes mit Sauerstoff
Reishi → Verbesserung der Durchblutung
Pleurotus → antiarteriosklerotische Wirkung
Shiitake → antiarteriosklerotische Wirkung

Morbus Cushing

Allgemein:
Der sogenannte Hyperadrenokortizismus ist eine hormonelle Erkrankung. Wir unterscheiden zwischen Cushing der Nebenniere und Cushing der Hypophyse.

Ursachen:
Gutartiger oder auch bösartiger Tumor der Hirnanhangsdrüse, Tumore an der Nebennierenrinde, Cortisonlangzeittherapie

Mykotherapie:
Cushing der Nebenniere → Cordydceps und ABM
Cushing der Hypophyse → Coriolus und ABM

Muskelatrophie

Allgemein:
Muskelschwund an Gliedmaßen, Rücken oder am gesamten Körper des Tieres.

Ursache:
Hohes Alter, mangelnde Bewegung, Entlastung durch Arthrosen oder Arthritiden und Nervenlähmungen sowie Nervenschädigungen

Mykotherapie:
Maitake → Stärkung der Muskulatur
Maitake und Shiitake → Stärkung der Knochen
Hericum → bei Nervenbeteiligungen, Nervenschäden

Mykosen

Allgemein:
Durch schädliche Pilze verursachte Infektions- und auch Atemwegserkrankungen

Ursachen:
Unzureichende oder falsche Ernährung, Abwehrschwäche, schlechte Haltungsbedingungen, Stress, Alter, Allergien

Mykotherapie:
Coriolus → antimykotische Wirkung

Cordyceps → bei gleichzeitiger Luftnot
Reishi → antiallergisch
ABM → Immunmodulation
Shiitake → Immunmodulation Jungtiere

Myositis

Allgemein:
Entzündliche Erkrankung der Skelettmuskulatur

Ursachen:
Bakterien, Viren, Parasiten, Abwehrschwäche und auch Allergien

Mykotherapie:
Coriolus → antiviral, antibakteriell, antiparasitär
Cordyceps → antibakteriell
ABM → Immunmodulation
Shiitake → Immunmodulation Jungtier
Maitake → Stabilisation der Muskulatur

Narben

Allgemein:
Minderwertiges, faserreiches Ersatzgewebe nach Wunden, operativen Eingriffen, Traumata und Verletzungen

Ursachen:
Komplikationen bei der Wundheilung

Mykotherapie:
Champignon → Vorbeugung übermäßiger Narbenbildung nach operativen Eingriffen
Hericium → für Haut und Schleimhäute

Nageltritt

Allgemein:
Eintreten eines spitzen und/oder scharfen Gegenstandes. Mit möglicher Infektion des Hufgelenkes.

Ursachen:
siehe oben

Mykotherapie:
Coriolus → antibakteriell, antiviral
Reishi → verbesserte Wundheilung, schmerzstillend

Nervenerkrankungen (Polyneuropathien)

Allgemein:
Unter Polyneuropathien versteht man alle peripheren Erkrankungen des Nervensystems.

Ursachen:
Hormonstörungen, Autoimmunerkrankungen, Infektionskrankheiten und auch Tumore

Mykotherapie:
Cordyceps → Hormonstörungen
ABM → Autoimmunerkrankungen
Coriolus → Infektionskrankheiten
Hericium → Nervenwachstum, Nervenlähmung, Nervenverletzungen
Hericium, Reishi, Coriolus → Neuritis

Nesselsucht

Große Quaddelbildung, begleitet von schmerzhaftem, brennendem Juckreiz auf der Haut – auch Nesselfiber oder Urticaria genannt.

Ursache:
Ektoparasiten, Allergien, Medikamentengabe, Sonnenbrand, Kälte oder psychischer Stress

Mykotherapie:
Reishi → antiallergisch, bei Strahlenschäden
Coriolus → bei Ektoparasiten
Cordyceps → Stress
Hericium → Haut und Schleimhaut

Neuritis → siehe auch Nervenerkrankungen

Nierenerkrankungen

Allgemein:
Nierenerkrankungen können sowohl entzündlicher als auch degenerativer Art sein.
Sie können ebenso nach Stoffwechselstörungen auftreten.

Ursache:
Infektionen, Durchblutungsstörungen, nicht artgerechtes Futter, Stoffwechselerkrankungen, Filtrationsstörungen, psychische und physische Belastungen, Herzerkrankungen und Harnwegsinfektionen

Mykotherapie:
Cordyceps und/oder Reishi → Niereninsuffizienz
Cordyceps → Nierenschwäche
Cordyceps → Psyche
Cordyceps und Coriolus → Nephritis

Cordyceps und ABM → Cushing der Nebenniere

Obstipation

Allgemein:
Die Obstipation ist eine Verstopfung eines Teils des Dickdarms durch Kotmassen bzw. das zu lange Verweilen des Kots im Dickdarm mit einer starken Wasserresorption.

Ursachen:
Divertikel, mechanische Verlegung, Prostatahyperlasie, Bandscheibenerkrankungen, Fütterungsfehler, Bewegungsmangel, Störungen der Dickdarmmotorik

Mykotherapie:
Coprinus → allgemein bei Verstopfung
Hericium → Aufbau einer optimalen Darmschleimhaut

OCD (Osteochondrose oder Gelenkmaus)

Allgemein:
Hierbei handelt es sich um eine degenerative Erkrankung der Knorpelbildung mit einhergehender Verknöcherung des Knorpels in Gelenken. Es kommt zum Ablösen von Knorpelfragmenten, die noch mit dem Knorpel verbunden oder frei schwebend sind.

Ursachen:
Rassedisposition, Gewicht, multifaktorielle Erkrankungen, Ernährungsfehler, Durchblutungsstörungen, hormonelle Störungen

Mykotherapie:
Maitake und Shiitake → Stärkung Muskulatur und Knochen
Cordyceps → Hormonregulation
Auricularia → verbesserte Durchblutung
Coriolus und/oder Reishi → Entzündungshemmung

Ödeme

Allgemein:
Ansammlung von Flüssigkeit im Gewebe, Störungen im Flüssigkeitshaushalt.

Ursachen:
Störungen im Elektrolythaushalt, Herzerkrankungen, Druckstörungen im Gefäßsystem, Eiweißmangel und Hungerzustände, zu wenig Eiweiß im Futter, Erkrankungen des Gastrointestinaltraktes, Magen-Darm-Parasiten, Lebererkrankungen, Nierenerkrankungen, allergische Erkrankungen, Entzündungen, Toxine, hormonelle Erkrankungen, Traumen oder Tumore

Mykotherapie:
Polyporus → allgemeine Entwässerung ohne Ausscheidung von Kalium
Reishi → Herz-und/oder Lebererkrankungen
Cordyceps → Nieren- und/oder hormonelle Erkrankungen
Hericium → Erkrankungen des Magen-Darm-Traktes
Reishi → allergische Erkrankungen
Coriolus → antientzündlich

Oesophagitis

Allgemein:
Entzündung der Speiseröhre

Ursachen:
Fremdkörper, verschluckte (spitze) Knochen, motorische Störungen durch Nervenschädigungen oder Nervenlähmungen, Ernährungsfehler

Mykotherapie:
Hericium und Reishi in Kombination → Schleimbildung und antientzündliche Wirkung
Hericium → bei Nervenschädigungen oder Nervenlähmungen
Hericium → Schleimbildner
Coriolus → antientzündlich

Ohrekzeme → siehe Ekzeme

Orchitis

Allgemein:
Hodenentzündung

Ursachen:
Traumen (Quetschungen, Prellungen), bakterielle oder virale Infekte

Mykotherapie:
Coriolus → antiviral und antibakteriell
Cordyceps → antibakteriell
Maitake → antiviral und immunmodulierend

Osteosarkom

Allgemein:
Maligner Knochenkrebs mit hoher Metastasierungswahrscheinlichkeit

Mykotherapie:
Wie bei allen Krebserkrankungen kann man mykotherapeutisch unterstützend arbeiten.
Maitake, Shiitake und ABM in Kombination

Osteochondrose → siehe OCD

Osteomyelitis

Allgemein:
Infektiöse Knochenmarksentzündung

Ursachen:
Knochenbrüche, Operationen am Skelett → Eindringen von Bakterien, Viren oder Pilzen, Durchblutungsstörung noch nicht verschlossener Wachstumsfugen

Mykotherapie.
Coriolus → antiviral, antibakteriell, antimykotisch
Auricularia → Durchblutungsstörungen
Reishi → verbesserte Wundheilung

Othämatom

Allgemein:
Bluterguss oder Serumansammlung an oder in der Ohrmuschel zwischen dem Knorpel und der Haut mit Zerreissen der Blutgefäße → Blutohr

Ursachen:
Nach Trauma und Rangkämpfen, Allergien und Futtermittelunverträglichkeiten, Hängeohren → genetische Disposition, nach Kopfschütteln oder Reiben bei Juckreiz

Mykotherapie:
Auricularia → bei Hämatomen
Reishi → Juckreiz und Allergien
Coriolus → antientzündlich

Otitis externa

Allgemein:
Ohrzwang → Entzündung des äußeren Gehörganges

Ursachen:
Reizende Medikamente, Verletzungen, Fremdkörper, unsachgemäße Ohrreinigung, Parasiten, Infektionskrankheiten

Mykotherapie:
Hericium → bei trockenem Ohr
Coriolus → antientzündlich, antiparasitär

Otitis media

Allgemein:
Mittelohrentzündung

Ursachen:
Verschleppte Otitis externa, Infektionskrankheiten

Mykotherapie:
Coriolus → antientzündlich, antibakteriell, antiviral
ABM → Immunmodulator
Shiitake → Immunmodulation beim Jungtier

Ovarialdysfunktion

Allgemein:
Fruchtbarkeitsstörungen beim weiblichen Tier

Ursachen:
Hormonelle Fehlsteuerungen, Gendefekt, Altersarthrophie, Endometritis oder Pyometra, Entzündungen

Mykotherapie:
Cordyceps → hormonelle Fehlsteuerung
Coriolus → antientzündlich und hormonelle Unterstützung
Auricularia → Endometriose und Zysten

Panaritium

Allgemein:
Umschriebene Phlegmone im Bereich des Krallenbettes.

Ursache:
Bakterielle Erreger, vor allem Streptokokken, aber auch Staphylokokken und Corynebakterien, durch Verletzungen, Abschürfungen und auch Fremdkörper

Mykotherapie:
Coriolus → antibakterielle Wirkung
Polyporus → Lymphdrainage
Reishi → antientzündlich
ABM → Immunmodulation

Pankreatitis

Allgemein:
Entzündung der Bauchspeicheldrüse

Ursache:
Fehlernährung durch stark kohlehydrat- und fettreiches Futter, Adipositas, Autoimmunerkrankung, zu lange Cortisongaben

Mykotherapie:
Shiitake und ABM → generelle Gabe zur unterstützenden Pankreatitis-Therapie, auch bei Pankreassekretschwäche
Shiitake, ABM, Maitake und Hericium → unterstützende Pankreas-CA Therapie

Papillomatose

Allgemein:
Hierbei handelt es sich um eine gutartige, chronisch verlaufende Viruserkrankung mit Warzenbildung der Haut oder Schleimhaut.

Ursache:
Genetik, Alter, Infektionen auch über kleinste Wunden möglich, Papillomavirus

Mykotherapie:
Coriolus → antivirale Wirkung
ABM → Immunmodulation
Shiitake → Immunmodulation Jungtiere
Maitake → antitumoral wirkend

Parasitosen

Allgemein:
Hierbei handelt es sich um alle Erkrankungsbilder, die durch Parasiten hervorgerufen werden, z.B. Würmer, Flöhe, Protozoen, Milben und auch Zecken.

Ursache:
Fütterungsfehler, Immunschwäche, Darmdysbiosen

Mykotherapie:
Coriolus → antiparasitäre Wirkung
ABM → Immunmodulation
Shiitake → Immunmodulation Jungtiere
Hericium → Darmschleimhautaufbau

Parese (Paralyse)

Allgemein:
Vollständige oder unvollständige Lähmung der Gliedmaße(n).

Ursache:
Bandscheibenvorfälle, Dackellähme, Osteophyten durch Spondylose, Traumen wie beispielsweise Fissuren und/oder Frakturen, Tumore, Infektionen, Parasiten, Vergiftungen

Mykotherapie:
Hericium → Nervenwachstumsfaktoren
Auricularia → Verbesserung der Durchblutung
Maitake → antitumorale Wirkung
ABM → antitumorale Wirkung
Shiitake und Maitake → Knochenfrakturen
Coriolus → antiparasitäre Wirkung
Reishi → nach Vergiftungen
Maitake, Shiitake und Hericium → Spondylosen

Parodontitis

Allgemein:
Hierbei handelt es sich um eine Erkrankung des Zahnhalteapparates.

Ursache:
Entzündungen des Zahnfleisches und des Zahnfaches, Schädigung des Kieferknochens, mangelnde Maulhygiene, Calciummangel und Phosphatüberschuss, Fütterungsfehler

Mykotherapie:
Coriolus → antientzündlich
ABM → Immunmodulation
Hericium → Schleimhaut

Maitake und Shiitake → Knochenstärkung

Parotitis

Allgemein:
Hierbei handelt es sich um eine entzündliche Erkrankung der Ohrspeicheldrüse, die mit schmerzhaften Schwellungen einhergeht bis hin zur Kieferklemme.

Ursachen:
Bakterielle Erreger, gestörter Speichelfluss, chron. Parotitis, Viren

Mykotherapie:
Coriolus → antivirale und antibakterielle Wirkung
Polyporus → Anregung Lymphfluss
ABM → Immunmodulation
Shiitake → Immunmodulation Jungtier

Parvovirose

Allgemein:
Hierbei handelt es sich um eine hochakute Virusinfektion bei Tieren.

Ursache:
Canines Parvovirus

Mykotherapie:
Coriolus → antibakteriell und antiviral
Shiitake → Leukopenie (Absinken der Leukozyten)
ABM → Immunmodulation
Shiitake → Immunmodulation Jungtiere

Pemphigus

Allgemein:
Autoimmune, Blasen bildende Hauterkrankung bei Hund, Katze und auch Pferd.

Ursache:
Autoantikörper richten sich gegen Proteine, die für den Zellzusammenhalt der äußeren Hautschichten sorgen.

Mykotherapie:
ABM → Modulation des Immunsystems (nicht anwenden im akuten Stadium)
Hericium → Hautversorgung
Chaga → Hautversorgung

Periodische Augenentzündung (Mondblindheit)

Allgemein:
Hierbei handelt es sich um eine entzündliche Erkrankung der mittleren Augenhaut, der sogenannten Uvea, die rezidivierend und auch chronisch verlaufend auftritt.

Ursache:
Fütterungsfehler, schlechtes Wasser, Wurmgifte, Mondeinfluss, Durchblutungsstörungen, Infektionen und Parasitenbefall, Bakterien der Gattung Leptospira (Leptospirose)

Mykotherapie:
Coriolus → antibakteriell, antiparasitär
Auricularia → Verbesserung der Durchblutung
Reishi → Entgiftung
ABM → Immunmodulation
Shiitake → Immunmodulation Jungtier

Periostitis

Allgemein:
Hierbei handelt es sich um eine schmerzhafte Entzündung der Knochenhaut.

Ursache:
Bakterien (Mycobacterium, Staphylokokken, Streptokokken), Überlastung durch Sprünge und Stöße

Mykotherapie:
Coriolus → antientzündlich
Reishi → antientzündlich
Maitake und Shiitake → Knochen- und Muskulaturstärkung
Pleurotus → zusätzliche Unterstützung der Bänder und Sehnen

Peritonitis

Allgemein:
Bauchfellentzündung

Ursache:
Darmperforationen, z.B. nach rektalen Untersuchungen, Ruptur der Harnblase, Fremdkörperperforation, Schussverletzungen, wandernde Strongylidenlarven, auch Symptome einer FIP

Mykotherapie:
Tierklinik!!!
Coriolus → antientzündlich
Reishi → Antientzündlich und immunmodulierend
Hericium → Schleimhautaufbau

Pharyngitis

Allgemein:
Hierbei handelt es sich um eine ansteckende Rachenentzündung, die mit Lymphknotenschwellungen und auch einer Entzündung der Mandeln (Tonsillitis) einhergehen kann.

Ursache:
Viren oder Bakterien, schlechte Immunlage

Mykotherapie:
Coriolus → antiviral und antibakteriell
Shiitake → Immunmodulation vor allem bei Infektionen der oberen Atemwege
ABM → Immunmodulation
Polyporus → Lymphflussanregung

Photosensibilität

Allgemein:
Hierbei handelt es sich um eine pathologische Lichtempfindlichkeit der Haut mit sehr rasch einsetzendem Sonnenbrand nach bereits geringer Sonneneinstrahlung.

Ursache:
Man vermutet chronische Hautschädigungen oder auch Autoimmunerkrankungen als Auslöser.

Mykotherapie:
Reishi → Strahlenschutz der Haut
Chaga → Strahlenschutz der Haut
Hericium → Versorgung der Haut und Schleimhäute
Auricularia → Versorgung der Haut- und Schleimhäute

Piephacke (Gelenksgallen)

Allgemein:
Hierbei handelt es sich um eine Schwellung oder Erguss von Gelenkskapsel, Schleimbeutel oder Sehnenscheide.

Ursachen:
Arthritis, Trauma, Fehlbelastung oder auch Fehlstellungen, Bakterien

Mykotherapie:
Polyporus → Verbesserung des Lymphflusses
Reishi → antientzündlich
Coriolus → antientzündlich, antibakteriell

Pleuritis

Allgemein:
Brustfellentzündung

Ursachen:
Bakterien (z.B. Streptokokken, Staphylokokken, Pseudomonas, Klebsiellen, Pasteurellen und auch Aspergillen), Leptospirose, Clostridieninfektionen und auch Salmonelleninfektionen, Entzündungen benachbarter Organe, perforierende Fremdkörper, Bissverletzungen

Mykotherapie:
Coriolus → antibakteriell, antientzündlich
Reishi → antientzündlich
Cordyceps → antibakteriell und verbesserte Atmung
ABM → Immunmodulation
Shiitake → Immunmodulation Jungtier

Pneumonie

Allgemein:
Lungenentzündung auch mit Beteiligung der Bronchien (Bronchopneumonie)

Ursache:
Aerogener Infektionsweg, Entzündung meist durch Viren, Chlamydien oder auch Parasiten

Mykotherapie:
Coriolus → antibakteriell, antiviral und antiparasitär
Cordyceps → antibakteriell
Reishi → antientzündlich
ABM → Immunmodulation
Shiitake → Immunmodulation Jungtier

Podotrochlose → siehe Hufrollenentzündung

Polyarthritis → siehe Arthritis

Polyneuritis → siehe auch Nervenerkrankungen

Prostatahyperlasie

Allgemein:
Hierbei handelt es sich um eine meist gutartige Vergrößerung der Prostata, die auch mit Kotabsatzproblemen einhergehen kann.

Ursachen:
Störungen des Hormonhaushaltes, auch übermäßiges Ausschütten von Hormonen bezüglich läufiger Hündinnen

Mykotherapie:
Cordyceps → Regulation des Hormonhaushaltes

Maitake → antitumorale Wirkung auch gutartiger Tumore
Reishi → generell bei Prostatahyperplasie
Coriolus → zuzüglich bei Prostatitis

Psychosomatische Störungen

Allgemein und Ursachen:
Psychosomatische Störungen können vielfältige Ursachen haben, die meist auch durch falsche Haltungsbedingungen ausgelöst werden. Es handelt sich um Stressoren, die dem Organismus unserer Tiere Energie entziehen. Stress entsteht unter anderem auch durch Trauer, Freude, Langeweile und Frustration.

Mykotherapie:
Cordyceps → Reduktion von Stress, positive Auswirkung auf das gesamte Psychovegetativum
Hericium → Ausgleich des Psychovegetativums
Reishi → ausgleichend und beruhigend
MP 90 → bei Depressionen, Burn out und zur Rekonvaleszenz

Pruritus

Allgemein:
Juckreiz oder Hautjucken als Begleiterscheinung verschiedener Erkrankungen

Ursachen:
Parasiten, Allergien, Insektenstiche, Hormonstörungen, Stoffwechselstörungen etc.

Mykotherapie:
Reishi → Histamin hemmende Wirkung
Coriolus → antiparasitäre Wirkung
ABM → Immunmodulation auch bei überschießendem Immunsystem
Hericium → Beruhigung der Haut

Rachitis

Allgemein:
Systemische Skeletterkrankung beim Jungtier mit mangelnder Mineralisation der Knochen.

Ursachen:
Unterversorgung mit Phosphat und/oder Calcium, chronische Darmentzündungen (Leaky gutt), Bewegungsmangel, Fütterungsfehler

Mykotherapie:
Shiitake → generell bei Mangelzuständen
Pleurotus → Aminosäurendefizite

Radialislähmung

Allgemein:
Schädigung des Radialisnerven

Ursachen:
Zustand nach Knochenbrüchen des Oberarms, Traumen, Quetschungen

Mykotherapie:
Hericium → Nervenwachstumsfaktoren
Maitake → Unterstützung der Muskulatur
Maitake und Shiitake → bei Knochenbrüchen zur besseren Knochenheilung

Räude

Allgemein:
Hierbei handelt es sich um eine hochansteckende, durch Parasiten ausgelöste Hauterkrankung (Räudemilbe, Sarcoptesmilbe).

Ursachen:
Immunschwäche, Zustand nach längeren Cortisonbehandlungen, Stoffwechselstörungen

Mykotherapie:
Coriolus → antiparasitäre Wirkung
Reishi → antiallergische Wirkung (Histaminhemmung)
ABM → Immunmodulation
Shiitake → Immunmodulation Jungtiere

Rheumatoide Erkrankung (Polyarthritis)

Allgemein:
Entzündliche Erkrankung mehrerer Gelenke gleichzeitig, chronisches, entzündliches Gewebsgeschehen.

Ursachen:
Immunschwäche, Infektionskrankheiten, Überanstrengung, Kälte und Nässe, Borreliose

Mykotherapie:
Reishi → antientzündlich
Coriolus → antientzündlich
ABM → Immunmodulation
Shiitake → Immunmodulation Jungtier

Rhinitis

Allgemein:
Nasenausfluss und Schnupfen, akute und chronisch bedingte Entzündung der Nasenschleimhaut

Ursachen:
Infektion durch Pilze (Aspergillenrhinosinusitis), Viren, Bakterien, Allergien, Zahnerkrankungen, Tumore, Fremdkörper

Mykotherapie:
Coriolus → antibakteriell, antiviral und antimykotisch
Reishi → antiallergische Wirkung (Histaminhemmung)
ABM → Immunmodulation
Shiitake → Immunmodulation Jungtiere

Sarkoide

Allgemein:
Hierbei handelt es sich um gutartige Hauttumore, die sich allerdings über das lymphatische System verbreiten können.

Ursachen:
Bovines Papillomavirus, Immunschwäche, Fütterungsfehler. Übertragung ist in der Regel nur über offene Wunden möglich. Ein Abbinden oder „schneiden" sollte daher vermieden werden.

Mykotherapie:
Coriolus → starke antivirale Wirkung
Maitake → antitumorale Wirkung
ABM → antitumorale Wirkung und Immunmodulation

Scheinträchtigkeit

Allgemein:
Hormonelle Störungen bei Hündinnen, aber auch der Katze. Verhaltensweisen wie bei Trächtigkeit und/oder Laktation.

Ursachen:
Störung der hormonellen Steuerung, Hormonstörung, teilweise noch nicht ganz geklärt

Mykotherapie:
Cordyceps → Regulation des Hormonellen Systems

Sehnenschäden

Allgemein:
Hierbei handelt es sich um Verletzungen, einhergehend mit Entzündungen der Sehnen (Tendinitis).

Ursachen:
Traumen, Abnutzungserscheinungen, Fütterungsfehler, Nährstoffmangel

Mykotherapie:
Pleurotus → Entspannung der Sehnen, auch bei Sehnenzerrungen
Reishi → antientzündlich
Maitake und Shiitake → Unterstützung von Muskeln und Knochen

Sinusitis

Allgemein:
Entzündung der Nasennebenhöhlen

Ursachen:
Durchbruch von Zahnabszessen, Infektionskrankheiten, Bakterien, Viren, Zahnfacherkrankungen

Mykotherapie:
Coriolus → antibakteriell, antiviral, antientzündlich
ABM → Immunmodulation
Reishi → Immunmodulation
Shiitake → Immunmodulation Jungtiere

Sommerekzem

Allgemein:
Hierbei handelt es sich um eine allergische Hautreaktion auf den Speichel von Insekten (Insektenstich), vor allem die Schweifrübe und den Mähnenkamm betreffend.

Ursachen:
Insektenstiche durch Gnietzen, Kriebelmücken, Immunüberreaktion vor allem bei importierten Pferden, Rassedisposition, Bewegungsmangel, Fütterungsfehler, Immunschwäche

Mykotherapie:
Reishi → antiallergische Wirkung (Histaminhemmung)
Coriolus → antiparasitäre Wirkung
Hericium → verbesserte Versorgung der Haut
Auricularia → verbesserte Versorgung der Schleimhäute und der Haut, verbesserte Durchblutung

Sonnenbrand → siehe auch Photosensibilität

Spat

Allgemein:
Hierbei handelt es sich um eine chronische, deformierende Entzündung des Sprunggelenkes beim Pferd.

Ursachen:
Überlastung der Sprunggelenke, Fehlstellung der Gliedmaßen, zu frühe Belastung, zu schnelles Wachstum, Fütterungsfehler, Genetik, ungenügende Mineralstoffversorgung, Bakteriell bedingt durch Corynebakterien

Mykotherapie:
Coriolus → antientündlich und antibakteriell

Reishi → antientzündlich, schmerzlindernd
Maitake und Shiitake → Unterstützung und Stärkung von Muskulatur und Knochen

Spondylose

Allgemein:
Hierbei handelt es sich um eine deformierende Arthropathie der seitlichen Wirbelgelenke und/oder der Zwischenwirbelscheiben mit Bildung von sogenannten Knochenbrücken.

Ursachen:
Genetik, Entzündungen (Spondylarthrosen), Zustand nach Knorpelschäden, fortgeschrittenes Alter

Mykotherapie:
Hericium → bei Nervenbeteiligung → Nervenwachstumsfaktoren
Auricularia → verbesserte Durchblutung
Maitake und Shiitake → Stärkung von Muskulatur und Knochen
Reishi → antientzündlich

Staupe

Allgemein:
Virale, akute oder subakut verlaufende Allgemeinerkrankung einhergehend mit Fieber, Abgeschlagenheit, aber auch Erbrechen und/oder Durchfällen.

Ursache:
Das canine Staupevirus, häufig betroffen sind Jungtiere

Mykotherapie:
Coriolus → antiviral und antibakteriell
Cordyceps → antibakteriell
ABM → Immunmodulation

Shiitake → Immunmodulation

Stomatitis → siehe auch Gingivitis

Strahlfäule

Allgemein:
Hierbei handelt es sich um eine bakterielle Erkrankung des Hufes beim Pferd, wobei das Strahlbein von Fäulnisbakterien (Fusobacterium) zersetzt wird.

Ursache:
Schlechte Haltungsbedingungen und mangelnde Hufpflege

Mykotherapie:
Coriolus → antibakteriell
Reishi → antientzündlich
Cordyceps → antibakteriell

Strongyliden → siehe Parasitosen

Synovitis → siehe Polyarthritis

Tendopathien

Allgemein:
Hierbei handelt es sich um eine Sehnenentzündung bzw. eine Entzündung der Sehnenscheide (Tendovaginitis).

Ursachen:
Überbelastung der Sehnen, Traumata, Fehlstellungen der Gliedmaßen, Konditionsmangel, falscher Hufbeschlag

Mykotherapie:
Coriolus → antientzündlich

Reishi → antientzündlich
Pleurotus → Entspannung der Sehnen
Maitake und Shiitake → Stärkung von Muskulatur und Knochen

Tendovaginitis → siehe Tendopathien

Trichophyten → siehe Mykosen

Urethritis

Allgemein:
Hierbei handelt es sich um eine Schleimhautentzündung in der Harnröhre.

Ursachen:
Bakterien, Stoffwechselerkrankungen, Allergien, Übertragung von Keimen durch den Deckakt

Mykotherapie:
Coriolus → antibakteriell
Reishi → antiallergisch
Cordyceps → antibakteriell
Urtikaria → siehe Nesselsucht

Vaginitis

Allgemein:
Scheidenentzündung

Ursachen:
Verletzungen, z.B. durch Deckakt oder Geburt, Hormonstörungen, Störungen der hormonellen Steuerung, Mangelerscheinungen, Fütterungsfehler, Bakterien

Mykotherapie:
Coriolus → antibakteriell
Cordyceps → hormonelle Störungen
Hericium → Haut-und Schleimhautschäden

Verbrennungen

Allgemein und Ursachen:
Hierbei handelt es sich um Gewebsreaktionen nach massiver Hitzeeinwirkung auf die Haut. Dies kann durch direkten Kontakt mit Feuer, aber auch durch zu starke Wärmeeinstrahlung, Kontakt mit kochendem Wasser und auch zu heißem Futter entstehen.

Mykotherapie:
Reishi → generell bei Verbrennungen
Hercium → Schleimbildner auch für Haut und Schleimhäute
Chaga → Haut und Schleimhäute
Auricularia → Schleimhäute
Coriolus → Prävention vor Sekundärinfektionen

Verhaltensstörungen

Allgemein und Ursachen:
Hierbei handelt es sich um neurovegetative Fehlsteuerungen, z.B. übermäßige Ängste, Panikattacken, Angstbeißen, Aggressionsverhalten. Diese können sowohl genetisch bedingt sein als auch durch Aufzuchtfehler entstehen.
Menschenansammlungen, unangemessene Bestrafungen, laute, knallende Geräusche und auch hektischer Umgang sowie Schläge zählen zu den Auslösern.

Mykotherapie:
Cordycecps → Ausgleich des Psychovegetativums
Hericium → Ausgleich Psychovegetativum → Beruhigung der Nerven

Verletzungen (Wunden)

Allgemein:
Hierbei handelt es sich um eine Gewebeschädigung nach Traumen oder Unfällen.

Ursachen:
Druckverletzungen, Quetschungen, Schnittwunden oder offene Frakturen, Verbrennungen, Erfrierungen und bakterielle Toxine

Mykotherapie:
Reishi → verbesserte Wundheilung
Champignon → Wundheilung und Narbenvorbeugung
Coriolus → antibakteriell und antiviral, antientzündlich
ABM → Immunmodulation
Shiitake → Immunmodulation
Hericium → optimale Versorgung der Haut

Vestibularsyndrom

Allgemein:
Hierbei handelt es sich um eine Erkrankung des Gleichgewichtsorgans mit Sitz im Innenohr. Oftmals wird diese Erkrankung mit einem Apoplex verwechselt (Schlaganfall).

Ursachen:
Fortgeschrittenes Alter (Geriatrie), Ohrentzündungen, Fremdkörper, Tumore und Infektionskrankheiten

Mykotherapie:
Auricularia → Mikrozirkulationsstörungen im Innenohr → verbesserte Durchblutung mit besserer Sauerstoffversorgung des Blutes
Reishi → durchblutungsfördernde Wirkung, gerne kombiniert mit Auricularia
Cordyceps → bessere Nierenfunktion (wichtig bei Schwindel)

Vomitus

Allgemein:
Erbrechen

Ursachen:
Magenüberladung, Vergiftungen, Infektionskrankheiten vor allem des Magen und Darmtraktes, Schlingen des Futters, Nebenniereninsuffizienz aber auch bei Diabetes, Schneefressen, Fressen von Allergie auslösendem Futter, Herzinsuffizienz, Trächtigkeit, Störungen des Innenohrs (siehe Vestibularsyndrom)

Mykotherapie:
Hericium → Regulation der Magen-Darm-Schleimhaut
Reishi → antientzündlich
Chaga → Magen-Darm-Erkrankungen
Shiitake → Regulation Magen-Darm-Schleimhaut

Warzen

Allgemein:
Hierbei handelt es sich um gutartige Geschwulste der oberen Hautschicht. Da diese jedoch viral bedingt sind, gelten sie als ansteckend. Sie treten in der Regel 3-6 Monate nach Infektion durch Kontakt mit dem Virus auf. In der Regel handelt es sich dabei um den Pappilomavirus.

Ursachen:
Kontakt mit Virusträger, Immunschwäche

Mykotherapie:
Coriolus → antivirale Eigenschaften
ABM → Immunmodulation
Shiitake → Immunmodulation Jungtiere

Wobbler-Syndrom

Allgemein:
Hierbei handelt es sich um eine Nervenschädigung im Rückenmark bzw. des Rückenmarknervens im Bereich der Halswirbelsäule. Betroffen sind vor allem Hunde und Pferde.

Ursachen:
Bandscheibenvorfälle, Traumata, Wirbelkanalstenose, Infektionskrankheiten (vor allem beim Pferd), Neoplasien, Abszesse, Rassedisposition

Mykotherapie:
Hericium → Bei Nervenschädigung, enthält sogenannte Nervenwachstumsfaktoren
Auricularia → verbesserte Durchblutung des betroffenen Bezirkes
Maitake → Stärkung der Muskulatur
Coriolus → bei auslösenden Infektionskrankheiten

Wunden → siehe Verletzungen

Wurmbefall → siehe Parasitosen

Zwingerhusten

Allgemein:
Hierbei handelt es sich um eine entzündliche Tracheobronchitis, eine Entzündung der Atemwege.

Ursache:
Viren und/oder Bakterien, die vor allem bei Hundeausstellungen oder in Welpengruppen häufiger vorkommen, Immunschwäche

Mykotherapie:
Coriolus → antiviral und antibakteriell

Cordyceps → antibakteriell und verbesserte Atmung
Reishi → antientzündlich und Immunmodulation
ABM → Immunmodulation
Shiitake → Immunmodulation beim Welpen

Zyklusstörungen

Allgemein:
Hierbei handelt es sich um Zyklusanomalien, verkürzte oder auch verlängerte Zyklen.

Ursachen:
Störung der hormonellen Steuerung, Hormonstörungen

Mykotherapie:
Cordyceps → Regulation des Hormonhaushaltes

Zystitis → siehe Blasenentzündung

XVIII. Literaturhinweise

„Die Heilkraft der Pilz" von Prof. Dr. Jan. I. Lelley

„Tiere und Vitalpilze – Eine Einführung in die Mykotherapie bei Tieren" von THP/MT P. Scharl

„Vitalpilze" von Dr. agr. Susanne Ehlers, Gesellschaft für Vitalpilzkunde e.V.

„Healing Mushrooms" von Georges M. Halpern, MD, PhD

Enman J, Rova U, Berglund KA: Quantification of the bioactive compound eritadenine in selected strains of shiitake mushroom (Lentinus edodes Lexikon). J Agric Food Chem. 2007 Feb 21;55(4):1177-80.

Zheng R, Jie S, Hanchuan D, Moucheng W: Characterization and immunomodulating activities of polysaccharide from Lentinus edodes Lexikon. Int Immunopharmacol. 2005 May;5(5):811-20.

Ooi VE, Liu F: Immunomodulation and anti-cancer activity of polysaccharide-protein complexes. Curr Med Chem. 2000 Jul;7(7):715-29

Sugiyama K, Yamakawa A: Dietary eritadenine-induced alteration of molecular species composition of phospholipids in rats. Lipids. 1996 Apr;31(4):399-404.

Sugiyama K, Yamakawa A, Saeki S: Correlation of suppressed linoleic acid metabolism with the hypocholesterolemic action of eritadenine in rats. Lipids. 1997 Aug;32(8):859-66.

van Nevel CJ, Decuypere JA, Dierick N, Molly K: The influence of Lentinus edodes Lexikon (Shiitake Lexikon mushroom) preparations on bacteriological and morphological aspects of the small intestine in piglets. Arch Tierernahr. 2003 Dec;57(6):399-412.

Kuznetsov OIu, Mil'kova EV, Sosnina AE, Sotnikova NIu: Antimicrobial action of Lentinus edodes Lexikon juice on human microflora. Zh Mikrobiol Epidemiol Immunobiol. 2005 Jan-Feb;(1):80-2.

Kupfahl C, Geginat G, Hof H: Lentinan Lexikon has a stimulatory effect on innate and adaptive immunity against murine Listeria monocytogenes infection. Int Immunopharmacol. 2006 Apr;6(4):686-96.

Zheng R, Jie S, Hanchuan D, Moucheng W: Characterization and immunomodulating activities of polysaccharide from Lentinus edodes Lexikon. Int Immunopharmacol. 2005 May;5(5):811-20..

Jennemann R, Sandhoff R, Gröne HJ, Wiegandt H: Human heterophile antibodies recognizing distinct carbohydrate epitopes on basidiolipids from different mushrooms. Immunol Invest. 2001 May;30(2):115-29.

Yamada T, Oinuma T, Niihashi M, Mitsumata M, Fujioka T, Hasegawa K, Nagaoka H, Itakura H: Effects of Lentinus edodes Lexikon mycelia on dietary-induced atherosclerotic involvement in rabbit aorta. J Atheroscler Thromb. 2002;9(3):149-56..

Kabir Y, Yamaguchi M, Kimura S: Effect of shiitake (Lentinus edodes Lexikon) and maitake (Grifola frondosa Lexikon) mushrooms on blood pressure and plasma lipids of spontaneously hypertensive rats. J Nutr Sci Vitaminol (Tokyo). 1987 Oct;33(5):341-6

Shimada S, Komamura K, Kumagai H, Sakurai H: Inhibitory activity of shiitake flavor against platelet aggregation. Biofactors. 2004;22(1-4):177-9.

Shen J, Ren H, Tomiyama-Miyaji C, Suga Y, Suga T, Kuwano Y, Iiai T, Hatakeyama K, Abo T: Potentiation of intestinal immunity by micellary mushroom extracts. Biomed Res. 2007 Apr;28(2):71-7.

Ngai PH, Ng TB: Lentin, a novel and potent antifungal protein from shitake mushroom with inhibitory effects on activity of human immunodeficiency virus-1 reverse transcriptase and proliferation of leukemia cells. Life Sci. 2003 Nov 14;73(26):3363-74

Gordon M, Bihari B, Goosby E, Gorter R, Greco M, Guralnik M, Mimura T, Rudinicki V, Wong R, Kaneko Y: A placebo-controlled trial of the immune modulator, lentinan, in HIV-positive patients: a phase I/II trial. J Med. 1998;29(5-6):305-30.

Ng ML, Yap AT: Inhibition of human colon carcinoma development by lentinan from shiitake mushrooms (Lentinus edodes Lexikon). J Altern Complement Med. 2002 Oct;8(5):581-9.

Maruyama S, Sukekawa Y, Kaneko Y, Fujimoto S: Anti tumor activities of lentinan and micellapist in tumor-bearing mice. Gan To Kagaku Ryoho. 2006 Nov;33(12):1726-9

Bundesamt für Risikoforschung: Gesundheitliches Risiko von Shiitake-Pilzen. Stellungnahme vom 23.Juni 2004

Siu KM, Mak DH, Chiu PY, Poon MK, Du Y, Ko KM.Pharmacological basis of ‚Yin-nourishing' and ‚Yang-invigorating' actions of Cordyceps Lexikon, a Chinese tonifying herb. Life Sci. 2004 Dec 10;76(4):385-95

Ng TB, Wang HX: Pharmacological actions of Cordyceps Lexikon, a prized folk medicine. J Pharm Pharmacol. 2005 Dec;57(12):1509-19

Wu Y, Hu N, Pan Y, Zhou L, Zhou X: Isolation and characterization of a mannoglucan from edible Cordyceps Lexikon sinensis mycelium. Carbohydr Res. 2007 May 7;342(6):870-5

Bunyapaiboonsri T, Yoiprommarat S, Intereya K, Kocharin K: New diphenyl ethers from the insect pathogenic fungus Cordyceps Lexikon sp. BCC 1861. Chem Pharm Bull (Tokyo). 2007 Feb;55(2):304-7.

Nishizawa K, Torii K, Kawasaki A, Katada M, Ito M, Terashita K, Aiso S, Matsuoka M: Antidepressant-like effect of Cordyceps Lexikon sinensis in the mouse tail suspension test. Biol Pharm Bull. 2007 Sep;30(9):1758-62

Gu YX, Song YW, Fan LQ, Yuan QS: Antioxidant activity of natural and cultured Cordyceps Lexikon sp. Zhongguo Zhong Yao Za Zhi. 2007 Jun;32(11):1028-31.

Wang YH, Ye J, Li CL, Cai SQ, Ishizaki M, Katada M: An experimental study on anti-aging action of Cordyceps Lexikon extract. Zhongguo Zhong Yao Za Zhi. 2004 Aug;29(8):773-6.

Koh JH, Kim KM, Kim JM, Song JC, Suh HJ: Antifatigue and antistress effect of the hot-water fraction from mycelia of Cordyceps Lexikon sinensis. Biol Pharm Bull. 2003 May;26(5):691-4

Colson SN, Wyatt FB, Johnston DL, Autrey LD, FitzGerald YL, Earnest CP: Cordyceps Lexikon sinensis- and Rhodiola rosea-based supplementation in male cyclists and its effect on muscle tissue oxygen saturation. J Strength Cond Res. 2005 May;19(2):358-63.

Ko KM, Leung HY: Enhancement of ATP generation capacity, antioxidant activity and immunomodulatory activities by Chinese Yang and Yin tonifying herbs. Chin Med. 2007 Mar 27;2:3

Li SP, Zhang GH, Zeng Q, Huang ZG, Wang YT, Dong TT, Tsim KW: Hypoglycemic activity of polysaccharide, with antioxidation, isolated from cultured Cordyceps Lexikon mycelia. Phytomedicine. 2006 Jun;13(6):428-33.

Liu WC, Wang SC, Tsai ML, Chen MC, Wang YC, Hong JH, McBride WH, Chiang CS: Protection against radiation-induced bone marrow and intestinal injuries by Cordyceps Lexikon sinensis, a Chinese herbal medicine. Radiat Res. 2006 Dec;166(6):900-7.

Wong KL, So EC, Chen CC, Wu RS, Huang BM: Regulation of steroidogenesis by Cordyceps Lexikon sinensis mycelium extracted fractions with (hCG) treatment in mouse Leydig cells. Arch Androl. 2007 Mar-Apr;53(2):75-7

Hsu CC, Huang YL, Tsai SJ, Sheu CC, Huang BM: In vivo and in vitro stimulatory effects of Cordyceps Lexikon sinensis on testosterone production in mouse Leydig cells. Life Sci. 2003 Sep 5;73(16):2127-36.

Lin WH, Tsai MT, Chen YS, Hou RC, Hung HF, Li CH, Wang HK, Lai MN, Jeng KC: Improvement of Sperm Production in Subfertile Boars by Cordyceps Lexikon militaris Supplement. Am J Chin Med. 2007;35(4):631-41

Fujimiya Y, Suzuki Y, Oshiman K, Kobori H, Moriguchi K, Nakashima H, Matumoto Y, Takahara S, Ebina T, Katakura R: Selective tumoricidal effect of soluble proteoglucan extracted from the basidiomycete, Agaricus blazei Murill, mediated via natural killer cell activation and apoptosis. Cancer Immunol Immunother. 1998 May;46(3):147-59

Ebina T, Fujimiya Y: Antitumor effect of a peptide-glucan preparation extracted from Agaricus blazei in a double-grafted tumor system in mice. Biotherapy. 1998;11(4):259-65.

Yuminamochi E, Koike T, Takeda K, Horiuchi I, Okumura K: Interleukin-12- and interferon-gamma-mediated natural killer cell activation by Agaricus blazei Murill. Immunology. 2007 Jun;121(2):197-206.

Takaku T, Kimura Y, Okuda H: Isolation of an antitumor compound from Agaricus blazei Murill and its mechanism of action. J Nutr. 2001 May;131(5):1409-13.

Kimura Y, Kido T, Takaku T, Sumiyoshi M, Baba K: Isolation of an anti-angiogenic substance from Agaricus blazei Murill: its antitumor and antimetastatic actions. Cancer Sci. 2004 Sep;95(9):758-64

Bernardshaw S, Lyberg T, Hetland G, Johnson E: Effect of an extract of the mushroom Agaricus blazei Murill on expression of adhesion molecules and production of reactive oxygen species in monocytes and granulocytes in human whole blood ex vivo. APMIS. 2007 Jun;115(6):719-25.

Bernardshaw S, Hetland G, Ellertsen LK, Tryggestad AM, Johnson E: An extract of the medicinal mushroom Agaricus blazei Murill differentially stimulates production of pro-inflammatory cytokines in human monocytes and human vein endothelial cells in vitro. Inflammation. 2005 Dec;29(4-6):147-53

Delmanto RD, de Lima PL, Sugui MM, da Eira AF, Salvadori DM, Speit G, Ribeiro LR: Antimutagenic effect of Agaricus blazei Murrill mushroom on the genotoxicity induced by cyclophosphamide. Mutat Res. 2001 Sep 20;496(1-2):15-21.

Gao L, Sun Y, Chen C, Xi Y, Wang J, Wang Z: Primary mechanism of apoptosis induction in a leukemia cell line by fraction FA-2-b-ss prepared from the mushroom Agaricus blazei Murill. Braz J Med Biol Res. 2007 Sep 24; [Epub ahead of print]

Oshiman K, Fujimiya Y, Ebina T, Suzuki I, Noji M: Orally administered beta-1,6-D-polyglucose extracted from Agaricus blazei results in tumor regression in tumor-bearing mice. Planta Med. 2002 Jul;68(7):610-4

Kobayashi H, Yoshida R, Kanada Y, Fukuda Y, Yagyu T, Inagaki K, Kondo T, Kurita N, Suzuki M, Kanayama N, Terao T: Suppressing effects of daily oral supplementation of beta-glucan extracted from Agaricus blazei Murill on spontaneous and peritoneal disseminated metastasis in mouse model. J Cancer Res Clin Oncol. 2005 Aug;131(8):527-38.

Chan Y, Chang T, Chan CH, Yeh YC, Chen CW, Shieh B, Li C: Immunomodulatory effects of Agaricus blazei Murill in Balb/cByJ mice. J Microbiol Immunol Infect. 2007 Jun;40(3):201-8

Choi YH, Yan GH, Chai OH, Choi YH, Zhang X, Lim JM, Kim JH, Lee MS, Han EH, Kim HT, Song CH: Inhibitory effects of Agaricus blazei on mast cell-mediated anaphylaxis-like reactions. Biol Pharm Bull. 2006 Jul;29(7):1366-71.

Faccin LC, Benati F, Rincão VP, Mantovani MS, Soares SA, Gonzaga ML, Nozawa C, Carvalho Linhares RE: Antiviral activity of aqueous and ethanol extracts and of an isolated polysaccharide from Agaricus brasiliensis against poliovirus type 1. Lett Appl Microbiol. 2007 Jul;45(1):24-8.

Grinde B, Hetland G, Johnson E: Effects on gene expression and viral load of a medicinal extract from Agaricus blazei in patients with chronic hepatitis C infection. Int Immunopharmacol. 2006 Aug;6(8):1311-4.

Bernardshaw S, Johnson E, Hetland G: An extract of the mushroom Agaricus blazei Murill administered orally protects against systemic Streptococcus pneumoniae infection in mice. Scand J Immunol. 2005 Oct;62(4):393-8

Hsu CH, Liao YL, Lin SC, Hwang KC, Chou P: The mushroom Agaricus Blazei Murill in combination with metformin and gliclazide improves insulin resistance in type 2 diabetes: a randomized, double-blinded, and placebo-controlled clinical trial. J Altern Complement Med. 2007 Jan-Feb;13(1):97-102

Chu KK, Ho SS, Chow AH: Coriolus Lexikon versicolor: a medicinal mushroom with promising immunotherapeutic values. J Clin Pharmacol. 2002 Sep;42(9):976-84

Ng TB: A review of research on the protein-bound polysaccharide (polysaccharopeptide, PSP) from the mushroom Coriolus Lexikon versicolor (Basidiomycetes: Polyporaceae). Gen Pharmacol. 1998 Jan;30(1):1-4.

Fisher M, Yang LX: Anticancer effects and mechanisms of polysaccharide-K (PSK): implications of cancer immunotherapy. Anticancer Res. 2002 May-Jun;22(3):1737-54.

Fisher M, Yang LX: Anticancer effects and mechanisms of polysaccharide-K (PSK): implications of cancer immunotherapy. Anticancer Res. 2002 May-Jun;22(3):1737-54.

Wong CK, Tse PS, Wong EL, Leung PC, Fung KP, Lam CW: Immunomodulatory effects of yun zhi and danshen capsules in health subjects--a randomized, double-blind, placebo-controlled, crossover study. Int Immunopharmacol. 2004 Feb;4(2):201-11.

Nakamura K, Matsunaga K: Susceptibility of natural killer (NK) cells to reactive oxygen species (ROS) and their restoration by the mimics of superoxide dismutase (SOD). Cancer Biother Radiopharm. 1998 Aug;13(4):275-90

Monro JA: Treatment of cancer with mushroom products. Arch Environ Health. 2003;58(8):533-7.

Ho CY, Kim CF, Leung KN, Fung KP, Tse TF, Chan H, Lau CB: Coriolus Lexikon versicolor (Yunzhi) extract attenuates growth of human leukemia xenografts and induces apoptosis through the mitochondrial pathway. Oncol Rep. 2006 Sep;16(3):609-16.

Lau CB, Ho CY, Kim CF, Leung KN, Fung KP, Tse TF, Chan HH, Chow MS: Cytotoxic activities of Coriolus Lexikon versicolor (Yunzhi) extract on human leukemia and lymphoma cells by induction of apoptosis. Life Sci. 2004 Jul 2;75(7):797-808.

Spelman K, Burns J, Nichols D, Winters N, Ottersberg S, Tenborg M: Modulation of cytokine expression by traditional medicines: a review of herbal immunomodulators. Altern Med Rev. 2006 Jun;11(2):128-50

Hsieh TC, Kunicki J, Darzynkiewicz Z, Wu JM: Effects of extracts of Coriolus Lexikon versicolor (I'm-Yunity) on cell-cycle progression and expression of interleukins-1 beta,-6, and -8 in promyelocytic HL-60 leukemic cells and mitogenically stimulated and nonstimulated human lymphocytes. J Altern Complement Med. 2002 Oct;8(5):591-602.

Tsang KW, Lam CL, Yan C, Mak JC, Ooi GC, Ho JC, Lam B, Man R, Sham JS, Lam WK: Coriolus Lexikon versicolor polysaccharide peptide slows progression of advanced non-small cell lung cancer. : Respir Med. 2003 Jun;97(6):618-24.

Bao YX, Wong CK, Leung SF, Chan AT, Li PW, Wong EL, Leung PC, Fung KP, Yin YB, Lam CW : Clinical studies of immunomodulatory activities of Yunzhi-Danshen in patients with nasopharyngeal carcinoma J Altern Complement Med. 2006 Oct;12(8):771-6.

Wong CK, Bao YX, Wong EL, Leung PC, Fung KP, Lam CW: Immunomodulatory activities of Yunzhi and Danshen in post-treatment breast cancer patients. Am J Chin Med. 2005;33(3):381-95.

Chan SL, Yeung JH: Effects of polysaccharide peptide (PSP) from Coriolus Lexikon versicolor on the pharmacokinetics of cyclophosphamide in the rat and cytotoxicity in HepG2 cells. Food Chem Toxicol. 2006 May;44(5):689-94.

Yeung JH, Chiu LC, Ooi VE: Effect of polysaccharide peptide (PSP) on glutathione and protection against paracetamol-induced hepatotoxicity in the rat. Methods Find Exp Clin Pharmacol. 1994 Dec;16(10):723-9

Mayell M: Maitake Lexikon extracts and their therapeutic potential. Altern Med Rev. 2001 Feb;6(1):48-60

Ishibashi K, Miura NN, Adachi Y, Ohno N, Yadomae T.: Relationship between solubility of grifolan, a fungal 1,3-beta-D-glucan, and production of tumor necrosis factor by macrophages in vitro. Biosci Biotechnol Biochem. 2001 Sep;65(9):1993-2000

Zhang Y, Mills GL, Nair MG: Cyclooxygenase inhibitory and antioxidant compounds from the mycelia of the edible mushroom Grifola frondosa Lexikon. J Agric Food Chem. 2002 Dec 18;50(26):7581-5.

Preuss HG, Echard B, Bagchi D, Perricone NV, Zhuang C: Enhanced insulin-hypoglycemic activity in rats consuming a specific glycoprotein extracted from maitake mushroom. Mol Cell Biochem. 2007 Aug 1; Epub ahead of print

Manohar V, Talpur NA, Echard BW, Lieberman S, Preuss HG: Effects of a water-soluble extract of maitake mushroom on circulating glucose/insulin concentrations in KK mice. Diabetes Obes Metab. 2002 Jan;4(1):43-8.

Talpur NA, Echard BW, Fan AY, Jaffari O, Bagchi D, Preuss HG: Antihypertensive and metabolic effects of whole Maitake Lexikon mushroom powder and its fractions in two rat strains. Mol Cell Biochem. 2002 Aug;237(1-2):129-36.

Cui FJ, Tao WY, Xu ZH, Guo WJ, Xu HY, Ao ZH, Jin J, Wei YQ: Structural analysis of anti-tumor heteropolysaccharide GFPS1b from the cultured mycelia of Grifola frondosa Lexikon GF9801. Bioresour Technol. 2007 Jan;98(2):395-401

Cui FJ, Li Y, Xu YY, Liu ZQ, Huang DM, Zhang ZC, Tao WY: Induction of apoptosis in SGC-7901 cells by polysaccharide-peptide GFPS1b from the cultured mycelia of Grifola frondosa Lexikon GF9801. Toxicol In Vitro. 2007 Apr;21(3):417-27.

Lin JT, Liu WH: o-Orsellinaldehyde from the submerged culture of the edible mushroom Grifola frondosa Lexikon exhibits selective cytotoxic effect against Hep 3B cells through apoptosis. J Agric Food Chem. 2006 Oct 4;54(20):7564-9

Kodama N, Asakawa A, Inui A, Masuda Y, Nanba H: Enhancement of cytotoxicity of NK cells by D-Fraction, a polysaccharide from Grifola frondosa Lexikon. Oncol Rep. 2005 Mar;13(3):497-502

Hong L, Xun M, Wutong W: Anti-diabetic effect of an alpha-glucan from fruit body of maitake (Grifola frondosa Lexikon) on KK-Ay mice. J Pharm Pharmacol. 2007 Apr;59(4):575-82.

Talpur N, Echard B, Dadgar A, Aggarwal S, Zhuang C, Bagchi D, Preuss HG: Effects of Maitake Lexikon mushroom fractions on blood pressure of Zucker fatty rats. Res Commun Mol Pathol Pharmacol. 2002;112(1-4):68-82

Kodama N, Komuta K, Nanba H: Effect of Maitake Lexikon (Grifola frondosa Lexikon) D-Fraction on the activation of NK cells in cancer patients. J Med Food. 2003 Winter;6(4):371-7

Kodama N, Komuta K, Nanba H: Can maitake MD-fraction aid cancer patients? Altern Med Rev. 2002 Jun;7(3):236-9.

Gu CQ, Li J, Chao FH: Inhibition of hepatitis B virus by D-fraction from Grifola frondosa Lexikon: synergistic effect of combination with interferon-alpha in HepG2 2.2.15. Antiviral Res. 2006 Nov;72(2):162-5.

Gu CQ, Li JW, Chao F, Jin M, Wang XW, Shen ZQ: Isolation, identification and function of a novel anti-HSV-1 protein from Grifola frondosa Lexikon. Antiviral Res. 2007 Sep;75(3):250-7.

Fan J, Zhang J, Tang Q, Liu Y, Zhang A, Pan Y: Structural elucidation of a neutral fucogalactan from the mycelium of Coprinus Lexikon comatus. Carbohydr Res. 2006 Jul 3;341(9):1130-4

Mikiashvili N, Elisashvili V, Wasser S, Nevo E: Comparative Study of Lectin Activity of Higher Basidiomycetes. DOI: 10.1615/IntJMedMushr.v8.i1, 2006.

Ey J, Schömig E, Taubert D: Dietary sources and antioxidant effects of ergothioneine. J Agric Food Chem. 2007 Aug 8;55(16):6466-74

Deiana M, Rosa A, Casu V, Piga R, Assunta Dessí M, Aruoma OI: L-ergothioneine modulates oxidative damage in the kidney and liver of rats in vivo: studies upon the profile of polyunsaturated fatty acids. Clin Nutr. 2004 Apr;23(2):183-93

Guijarro MV, Indart A, Aruoma OI, Viana M, Bonet B: Effects of ergothioneine on diabetic embryopathy in pregnant rats. Food Chem Toxicol. 2002 Dec;40(12):1751-5.

Sakrak O, Kerem M, Bedirli A, Pasaoglu H, Akyurek N, Ofluoglu E, Gültekin FA: Ergothioneine Modulates Proinflammatory Cytokines and Heat Shock Protein 70 in Mesenteric Ischemia and Reperfusion Injury. J Surg Res. 2007 Jun 29; [Epub ahead of print]

Zaidman BZ, Wasser SP, Nevo E, Mahajna J: Coprinus Lexikon comatus and Ganoderma lucidum Lexikon interfere with androgen receptor function in LNCaP prostate cancer cells. Mol Biol Rep. 2007 Mar 13; [Epub ahead of print]

8 Han C, Yuan J, Wang Y, Li L: Hypoglycemic activity of fermented mushroom of Coprinus Lexikon comatus rich in vanadium. J Trace Elem Med Biol. 2006;20(3):191-6

C. J. Bailey, Susan L. Turner, K. J. Jakeman, W. A. Hayes: Effect of Coprinus Lexikon comatus on plasma glucose concentrations in mice. Planta Med 1984; 50: 525-526

Wang F, Ding ZY, Zhang KC: Inhibitory Effects of fermented broth of coprinus comatus feeding with different traditional Chinese medicines on alpha- glucosidase and non-enzymatic glycosylation. Chinese Journal of Pharmaceuticals 2006;37(6):384-7

Boh B,Berovic M, Zhang J, Zhi-Bin L: Ganoderma lucidum Lexikon and its pharmaceutically active compounds. Biotechnol Annu Rev. 2007;13:265-301.

Bao XF, Wang XS, Dong Q, Fang JN, Li XY : Structural features of immunologically active polysaccharides from Ganoderma lucidum Lexikon. Phytochemistry. 2002 Jan;59(2):175-81

Zhang J, Tang Q, Zimmerman-Kordmann M, Reutter W, Fan H: Activation of B lymphocytes by GLIS, a bioactive proteoglycan from Ganoderma lucidum Lexikon. Life Sci. 2002 Jun 28;71(6):623-38.

Ji Z, Tang Q, Zhang J, Yang Y, Jia W, Pan Y: Immunomodulation of RAW264.7 macrophages by GLIS, a proteopolysaccharide from Ganoderma lucidum Lexikon. J Ethnopharmacol. 2007;112(3):445-50.

Hua KF, Hsu HY, Chao LK, Chen ST, Yang WB, Hsu J, Wong CH: Ganoderma lucidum Lexikon polysaccharides enhance CD14 endocytosis of LPS and promote TLR4 signal transduction of cytokine expression. J Cell Physiol. 2007;212(2):537-50.

Kuo MC, Weng CY, Ha CL, Wu MJ :Ganoderma lucidum mycelia enhance innate immunity by activating NF-kappaB. J Ethnopharmacol. 2006 Jan 16;103(2):217-22.

Gao Y, Gao H, Chan E, Tang W, Xu A, Yang H, Huang M, Lan J, Li X, Duan W, Xu C, Zhou S: Antitumor activity and underlying mechanisms of ganopoly, the refined polysaccharides extracted from Ganoderma lucidum Lexikon, in mice. Immunol Invest. 2005;34(2):171-98.

Wang G, Zhao J, Liu J, Huang Y, Zhong JJ, Tang W: Enhancement of IL-2 and IFN-gamma expression and NK cells activity involved in the anti-tumor effect of ganoderic acid Me in vivo. Int Immunopharmacol. 2007 Jun;7(6):864-70.

Tang W, Liu JW, Zhao WM, Wei DZ, Zhong JJ.Ganoderic acid T from Ganoderma lucidum Lexikon mycelia induces mitochondria mediated apoptosis in lung cancer cells. Life Sci. 2006 Dec 23;80(3):205-11.

Li JJ, Lei LS, Yu CL, Zhu ZG, Zhang Q, Wu SG [Effect of Ganoderma lucidum Lexikon polysaccharides on tumor cell nucleotide content and cell cycle in S180 ascitic tumor-bearing mice] : Nan Fang Yi Ke Da Xue Xue Bao. 2007 Jul;27(7):1003-5

Liu J, Shimizu K, Konishi F, Kumamoto S, Kondo R: The anti-androgen effect of ganoderol B isolated from the fruiting body of Ganoderma lucidum Lexikon. Bioorg Med Chem. 2007 Jul 15;15(14):4966-72.

Hajjaj H, Macé C, Roberts M, Niederberger P, Fay LB: Effect of 26-oxygenosterols from Ganoderma lucidum Lexikon and their activity as cholesterol synthesis inhibitors. : Appl Environ Microbiol. 2005 Jul;71(7):3653-8.

Chen WQ, Luo SH, LI HZ, Yang H: Effects of ganoderma lucidum polysaccharides on serum lipids and lipoperoxidation in experimental hyperlipidemic rats. Zhongguo Zhong Yao Za Zhi. 2005 Sep;30(17):1358-60.

Wicks SM, Tong R, Wang CZ, O'Connor M, Karrison T, Li S, Moss J, Yuan CS:Safety and tolerability of Ganoderma lucidum Lexikon in healthy subjects: a double-blind randomized placebo-controlled trial. Am J Chin Med. 2007;35(3):407-14

Gao Y, Tang W, Dai X, Gao H, Chen G, Ye J, Chan E, Koh HL, Li X, Zhou S: Effects of water-soluble Ganoderma lucidum Lexikon polysaccharides on the immune functions of patients with advanced lung cancer. J Med Food. 2005 Summer;8(2):159-68

Xi Bao Y, Kwok Wong C, Kwok Ming Li E, Shan Tam L, Chung Leung P, Bing Yin Y, Wai Kei Lam C: Immunomodulatory effects of lingzhi and san-miao-san supplementation on patients with rheumatoid arthritis. Immunopharmacol Immunotoxicol. 2006;28(2):197-200.

Gao Y, Zhou S, Jiang W, Huang M, Dai X: Effects of ganopoly (a Ganoderma lucidum Lexikon polysaccharide extract) on the immune functions in advanced-stage cancer patients. Immunol Invest. 2003 Aug;32(3):201-15

Chen X, Hu ZP, Yang XX, Huang M, Gao Y, Tang W, Chan SY, Dai X, Ye J, Ho PC, Duan W, Yang HY, Zhu YZ, Zhou SF: Monitoring of immune responses to a herbal immunomodulator in patients with advanced colorectal cancer. Int Immunopharmacol. 2006 Mar;6(3):499-508

Zhu XL, Chen AF, Lin ZB: Ganoderma lucidum Lexikon polysaccharides enhance the function of immunological effector cells in immunosuppressed mice. J Ethnopharmacol. 2007 May 4;111(2):219-26.

Li Khva Ren , Vasil'ev AV, Orekhov AN, Tertov VV, Tutel'ian VA: Anti-atherosclerotic properties of higher mushrooms (a clinico-experimental investigation) Vopr Pitan. 1989 Jan-Feb;(1):16-9.

Wachtel-Galor S, Tomlinson B, Benzie IF: Ganoderma lucidum Lexikon („Lingzhi"), a Chinese medicinal mushroom: biomarker responses in a controlled human supplementation study. Br J Nutr. 2004 Feb;91(2):263-9.

Yuan D, Mori J, Komatsu KI, Makino T, Kano Y: An anti-aldosteronic diuretic component (drain dampness) in Polyporus sclerotium. Biol Pharm Bull. 2004 Jun;27(6):867-70

Li JJ, Tu YY, Tong JZ, Wang PT: Inhibitory activity of Dianthus superbus L. and 11 kinds of diuretic Traditional Chinese medicines for urogenital Chlamydia trachomatis in vitro. Zhongguo Zhong Yao Za Zhi. 2000 Oct;25(10):628-30.

Xiong LL.:Therapeutic effect of combined therapy of Salvia miltiorrhizae and Polyporus umbellatus Lexikon polysaccharide in the treatment of chronic hepatitis B. Zhongguo Zhong Xi Yi Jie He Za Zhi. 1993 Sep;13(9):533-5, 516-7.

You JS, Hau DM, Chen KT, Huang HF: Combined effects of chuling (Polyporus umbellatus Lexikon) extract and mitomycin C on experimental liver cancer. Am J Chin Med. 1994;22(1):19-28

Zhang YH, Liu YL, Yan SC: Effect of Polyporus umbellatus Lexikon polysaccharide on function of macrophages in the peritoneal cavities of mice with liver lesions. Zhong Xi Yi Jie He Za Zhi. 1991 Apr;11(4):225-6, 198.

Yang LJ, Wang RT, Liu JS, Tong H, Deng YQ, Li QH: The effect of polyporus umbellatus polysaccharide on the immunosuppression property of culture supernatant of S180 cells. Xi Bao Yu Fen Zi Mian Yi Xue Za Zhi. 2004 Mar;20(2):234-7.

Sekiya N, Hikiami H, Nakai Y, Sakakibara I, Nozaki K, Kouta K, Shimada Y, Terasawa K: Inhibitory effects of triterpenes isolated from Chuling (Polyporus umbellatus Lexikon Fries) on free radical-induced lysis of red blood cells. Biol Pharm Bull. 2005 May;28(5):817-21

Ishida H, Inaoka Y, Shibatani J, Fukushima M, Tsuji K: Studies of the active substances in herbs used for hair treatment. II. Isolation of hair regrowth substances, acetosyringone and polyporusterone A and B, from Polyporus umbellatus Lexikon Fries. Biol Pharm Bull. 1999 Nov;22(11):1189-92

Inaoka Y, Shakuya A, Fukazawa H, Ishida H, Nukaya H, Tsuji K, Kuroda H, Okada M, Fukushima M, Kosuge T: Studies on active substances in herbs used for hair treatment. I. Effects of herb extracts on hair growth and isolation of an active substance from Polyporus umbellatus Lexikon F. : Chem Pharm Bull (Tokyo). 1994 Mar;42(3):530-3.

Dong Q, Jia LM, Fang JN: A beta-D-glucan isolated from the fruiting bodies of Hericium Lexikon erinaceus and its aqueous conformation. Carbohydr Res. 2006 May 1;341(6):791-5.

Li JL, Lu L, Dai CC, Chen K, Qiu JY: A comparative study on sterols of ethanol extract and water extract from Hericium Lexikon erinaceus. Zhongguo Zhong Yao Za Zhi. 2001 Dec;26(12):831-4.

Lee EW, Shizuki K, Hosokawa S, Suzuki M, Suganuma H, Inakuma T, Li J, Ohnishi-Kameyama M, Nagata T, Furukawa S, Kawagish H: Two novel diterpenoids, erinacines H and I from the mycelia of Hericium Lexikon erinaceum. Biosci Biotechnol Biochem. 2000 Nov;64(11):2402-5.

Wang JC, Hu SH, Su CH, Lee TM: Antitumor and immunoenhancing activities of polysaccharide from culture broth of Hericium Lexikon spp. Kaohsiung J Med Sci. 2001 Sep;17(9):461-7.

Wang JC, Hu SH, Lee WL, Tsai LY: Antimutagenicity of extracts of Hericium Lexikon erinaceus. Kaohsiung J Med Sci. 2001 May;17(5):230-8.

Xu HM, Xie ZH, Zhang WY: Immunomodulatory function of polysaccharide of Hericium Lexikon erinaceus. Zhongguo Zhong Xi Yi Jie He Za Zhi. 1994 Jul;14(7):427-8.

Chen TQ: Combined traditional Chinese and western medicine for the treatment of atrophic gastritis: report of 140 cases. Zhong Xi Yi Jie He Za Zhi. 1983 Jul;3(4):221-2

Xu CP, Liu WW, Liu FX, Chen SS, Liao FQ, Xu Z, Jiang LG, Wang CA, Lu XH: A double-blind study of effectiveness of hericium erinaceus pers therapy on chronic atrophic gastritis. A preliminary report. Chin Med J (Engl). 1985 Jun;98(6):455-6.

Yang BK, Park JB, Song CH: Hypolipidemic effect of an Exo-biopolymer produced from a submerged mycelial culture of Hericium Lexikon erinaceus. Biosci Biotechnol Biochem. 2003 Jun;67(6):1292-8.

Hokama Y, Hokama JL: In vitro inhibition of platelet aggregation with low dalton compounds from aqueous dialysates of edible fungi. Res Commun Chem Pathol Pharmacol. 1981 Jan;31(1):177-80.

Agarwal KC, Russo FX, Parks RE Jr: Inhibition of human and rat platelet aggregation by extracts of Mo-er (Auricularia auricula). Thromb Haemost. 1982 Oct 29;48(2):162-5.

Yagi F, Tadera K: Purification and characterisation of lectin from auricularia polytricha. Agric Biol Chem 1988;52(8);2077-9

Byung-Keun Yang, Ji-Young Ha, Sang-Chul Jeong, et al: Hypolipidemic effect of an exo-biopolymer produced from submerged mycelial culture of Auricularia polytricha in rats. Biotechnol Letters 2002;24(16);1329-25

Fuu Sheu, Po-Jung Chien, Ai-Lin Chien, Yin-Fang Chen, Kah-Lock Chin: Isolation and characterization of an immunomodulatory protein (APP) from the Jew's Ear mushroom Auricularia polytricha. Food Chemistry; 2004, 87 (4), 593-600

IXX. Kontaktdaten

Weitere Informationen über die Autorin unter
www.natur-heilt-tiere.de

Beratungsmöglichkeit über die GFVS
Gesellschaft für Vitalpilzknde Schweiz

www.gfvs.ch

tiere@gfvs.ch

XX. Wichtige Hinweise

Die Angaben in diesem Buch entsprechen dem derzeitigen Wissensstand und wurden sorgfältig recherchiert. Dennoch kann für die gemachten Aussagen und Therapieempfehlungen keine Gewähr übernommen werden.

Bitte konsultieren Sie einen, in der Vitalpilzkunde erfahrenen Therapeuten, der beurteilen kann, welche Pilze in welcher Dosierung für ihr Tier passend sind.

Eine Haftung der Autorin, des Herausgebers sowie der Beauftragten beider für Personen-, Tier-, Sach- und Vermögensschäden ist ausgeschlossen.